Zur Betriebsfestigkeit elektrischer Maschinen in Elektro- und Hybridfahrzeugen

Martin Henger

Zur Betriebsfestigkeit elektrischer Maschinen in Elektro- und Hybridfahrzeugen

Mit einem Geleitwort von
Dr. Stephan Usbeck und Dr. Rüdiger Schroth

RESEARCH

Martin Henger
Tamm, Deutschland

Vom Fachbereich Maschinenbau an der Technischen Universität Darmstadt zur Erlangung des Grades eines Doktor-Ingenieurs (Dr.-Ing.) genehmigte Dissertation, 2012.

Hauptberichter: Prof. Dr.-Ing. H. Hanselka
Mitberichter: Prof. Dr.-Ing. S. Rinderknecht

Tag der Einreichung: 8. März 2012
Tag der mündlichen Prüfung: 5. Juni 2012

D 17

ISBN 978-3-658-00706-5   ISBN 978-3-658-00707-2 (eBook)
DOI 10.1007/978-3-658-00707-2

Die Deutsche Nationalbibliothek verzeichnet diese Publikation in der Deutschen Nationalbibliografie; detaillierte bibliografische Daten sind im Internet über http://dnb.d-nb.de abrufbar.

Springer Vieweg
© Springer Fachmedien Wiesbaden 2013

Springer Vieweg ist eine Marke von Springer DE. Springer DE ist Teil der Fachverlagsgruppe Springer Science+Business Media
www.springer-vieweg.de

Geleitwort

Klimawandel und Ressourcenschonung durchdringen seit Anfang des neuen Jahrtausends in zunehmendem Maße die gesellschaftliche Diskussion und verändern konsequenterweise die Forschungsausrichtung und -förderung an Hochschulen und Universitäten sowie in der Industrie. Nicht nur die klassischen Bereiche der Automobilindustrie und Antriebstechnik sind von diesen Veränderungen betroffen, es bedarf auch neuer Konzepte in der Energieversorgung bis hin zur Gestaltung von Infrastrukturprojekten in Städten und Gemeinden.

Die Elektrifizierung von Personen- und Nutzlastverkehr ist ein vielversprechender Beitrag zur Senkung des CO_2-Ausstoßes vor allem in innerstädtischen Gebieten und bietet vielfältige Möglichkeiten, mit innovativen Produkten neue Marktchancen zu erschließen. Die Automobilindustrie und deren Zulieferer sind dabei ein Vorreiter bei der Bereitstellung nachhaltiger Antriebslösungen für Hybrid- und Elektrofahrzeuge. Zahlreiche Topologien von Mild-, Strong- über Plugin-Hybrid bis hin zu reinen Elektroantrieben sind bereits marktreif verfügbar. Unabhängig von der gewählten Fahrzeugtopologie ist stets die elektrische Maschine die zentrale Einheit, welche den motorischen und generatorischen Leistungsumsatz realisiert. Kombiniert mit moderner Leistungselektronik und Regelungstechnik erleben lange bekannte E-Maschinenkonzepte eine Renaissance als Antriebseinheit. Allerdings stellt der Einsatz im Fahrzeug auch neue Anforderungen an den Elektromotor, die einer tiefgehenden Analyse und Durchdringung bedürfen.

Mit den Auswirkungen dieser neuen Anforderungen beschäftigt sich Herr Henger in seiner Dissertation. Er entwickelt Methoden zur rechnerischen Beschreibung der Belastungen aus elektromagnetischen, eigenerregten Schwingungen, sowie mechanischen, fremderregten Rotor-Lager Schwingungen in axialer Richtung. Auf Basis dieser Methoden stellt er die Belastungen der elektrischen Maschine bei verschiedenen Fahrprofilen den derzeit gültigen Erprobungsvorgaben gegenüber und bewertet diese hinsichtlich ihres Einflusses auf die Betriebsfestigkeit. Neben der tiefen theoretischen Analyse zur Beschreibung der verschiedenen Belastungsarten stellt insbesondere der Bezug zu numerischen Berechnungsansätzen und experimentellen Ergebnissen eine wertvolle Bereicherung für diese Fachdisziplin dar. Die Anwendung der erarbeiteten Methoden auf den realen Belastungsfall eines Hybridfahrzeugs verdeutlicht schließlich die unmittelbare Praxistauglichkeit der Erkenntnisse.

Aufgrund dessen wünschen wir der Arbeit sowohl in der Wissenschaft, als auch in der Industrie eine hohe Aufmerksamkeit und dem Leser eine interessante Lektüre.

Dr. Stephan Usbeck   Dr. Rüdiger Schroth

Vorwort

Die vorliegende Arbeit entstand während meiner Zeit als Doktorand bei der Robert Bosch GmbH im Bereich der Entwicklung elektrischer Maschinen für Elektro- und Hybridfahrzeuge sowie während meiner anschließenden Tätigkeit als Entwicklungsingenieur für aktive Generatoren.

Mein herzlicher Dank gilt meinem Doktorvater, Prof. Dr. Holger Hanselka, für das mir entgegengebrachte Vertrauen und die fortwährende Unterstützung bei der Erstellung dieser Arbeit. Neben vielen fachlichen Diskussionen und wertvollen Anregungen, welche zum Gelingen der Arbeit beitrugen, sind mir insbesondere der faire und motivierende Charakter unserer Gespräche in bester Erinnerung.

Herrn Prof. Dr. Stephan Rinderknecht danke ich für die freundliche Übernahme des Korreferats, das gezeigte Interesse und die eingehende Durchsicht meiner Arbeit.

Besonders danken möchte ich meinem fachlichen Betreuer innerhalb der Robert Bosch GmbH, Dr. Rüdiger Schroth, für seinen Einsatz, auch außerhalb der Arbeitszeit, die interessanten Anregungen und die fachliche und persönliche Unterstützung.
Dr. Stephan Usbeck und Dr. Joachim Bös danke ich für die Betreuung und die Hilfestellung in allen organisatorischen Belangen meiner Arbeit.
Bei meinen ehemaligen Kollegen möchte ich mich für die gute Zusammenarbeit, die freundliche Arbeitsatmosphäre und die stete Hilfsbereitschaft bedanken. Stellvertretend erwähnen möchte ich Serge Zambou, Dr. Farshid Karim Pour, Vincent Riou und Dr. Stefan Einbock, welche mir mit interessanten Anregungen, konstruktiver Kritik und fachkundiger Unterstützung bei verschiedenen Themenschwerpunkten zur Seite standen.

Für den persönlichen Rückhalt im privaten Umfeld geht ein großer Dank an meine Familie und Freunde. Insbesondere danke ich meinen Eltern für Ihren Rückhalt und Ihre Unterstützung in meinem akademischen Werdegang. Der größte Dank gilt jedoch Dir, Kathrin, die Du mir durch Deine fortwährende Liebe, Unterstützung und Geduld diese Arbeit und so viel mehr erst ermöglicht hast.

„Nihil difficile amanti" [CICERO]

Martin Henger

Inhaltsverzeichnis

Abbildungsverzeichnis

Tabellenverzeichnis

Abkürzungen und Formelzeichen

Abkürzungen

AKF	Autokorrelationsfunktion
BEM	Randelementmethode
FEM	Finite Elemente Methode
FFT	Schneller Fouriertransformation
HBM	Harmonische Balance Methode
HHBM	Höher Harmonische Balance Methode
MKS	Mehrkörpersimulation

Griechische Buchstaben

α	Kontaktwinkel	σ	Mechanische Spannung
β	Winkellage	τ	Zeitliche Verschiebung
δ	Abstand	Υ	Fourier Transformierte
$\boldsymbol{\Phi}$	Transformationsmatrix	ω	Eigenkreisfrequenz
Φ	Autokorrelationsfunktion	Ω	Kreisfrequenz
γ	Umfangswinkel	ξ	Parameter
φ	Phasenversatz	Ξ	Gleitender Mittelwert
λ	Dämpfungsfaktor des Newton-Raphson Verfahrens	ψ	Winkellage im komplexen Raum
μ	Magnetische Permeabilität	Ψ	Materialkonstante
ν	Zähler		

Lateinische Großbuchstaben

A	Fläche	$\mathbf{M}$	Massenmatrix
$\mathbf{A}$	Transformationsmatrix	N	Schwingspielzahl
D	Schadenssumme	N	Zähler
F	Kraft	N	Ordnung
G	Lagerspiel	P	Leistung
H	Magnetische Feldstärke	$\mathbf{Q}$	Koeffizientenmatrix
J	Jacobimatrix	$\mathbf{R}$	Residuum
$\mathbf{K}$	Steifigkeitsmatrix	$\mathbf{T}$	Maxwell'scher Spannungstensor
L	Länge	T	Periodendauer
M	Drehmoment	V	Vergrößerungsfunktion

Lateinische Kleinbuchstaben

b	Steigung der Anregungsfrequenz	q	Zustandsvariable
$\mathbf{c}$	Ortsvektor	r	Abstand
d	Dämpferkonstante	$\mathbf{r}$	Ortsvektor
f	Frequenz	s	Standardabweichung
f	Koeffizienten für modale Kraft	t	Zeit
i	Zähler	$\mathbf{u}$	Verschiebungsvektor
k	Federkonstante	u	Verschiebung
k	Wöhlerexponent	w	Zähler
m	Masse	x	Zustandsvariable
n	Drehzahl	$\mathbf{x}$	Zustandsvektor
$\mathbf{p}$	Zustandsvektor	y	Zustandsvariable
q	Gewichtungsfaktor	z	Anzahl der Kugeln im Kugellager
$\mathbf{q}$	Zustandsvektor	z	Zustandsvariable

Indizes

γ	Im Guyan Raum	LS	Lagerschild
μ	Im Modalen Raum	m	Master- bzw. Hauptfreiheitsgrad
ax	Axial	mag	Magentisch / Magnet
bear	Lager	max	Maximal
BK	Biegekritisch	mid	Mittlere Punktmasse
d	Dämpfung	noise	Rauschen
D	Dauerfestigkeit	NP	Normprofil
DOF	Freiheitsgrade	R	Rotor
dry	Trocken	rad	Radial
dyn	Dynamisch	res	Resultierend
eig	Eigenschwingung	rot	Rotation
exp	Experimentell	s	Slave- bzw. Nebenfreiheitsgrad
Fzg	Fahrzeug	sig	Signal
g	Geometrisch	sim	Simulativ
H	Magnetisches Feld	stat	Statisch
k	Steifigkeit	std	Standardlastfall
KS	Kollektivstufe	t	Zeitlich
KS	Kopfsteinpflaster	vis	viskos
LS	Lagerschild		

1 Einleitung

Die Idee der Nutzung elektrischer Maschinen als Antrieb von Automobilen ist nicht neu. Bereits 1881, fünf Jahre vor der Erfindung des ersten Verbrennungsmotors durch CARL BENZ, wurde eine pferdelose Kutsche in Paris vorgestellt, welche mit zwei Elektromotoren angetrieben werden konnte. Erste hybride Varianten wurden Ende des 19. bzw. Anfang des 20. Jahrhunderts präsentiert. Hauptgründe des nachlassenden Interesses an Elektromotoren im Triebstrang waren neben der Erfindung des elektrischen Anlassers, welcher ein bequemes Starten des Verbrennungsmotors ermöglichte, die umständliche Handhabung elektrischer Energiespeicher. So ist es nicht verwunderlich, dass zwar erste Geschwindigkeitsrekorde durch Elektroautos erzielt wurden, die erste Fernfahrt hingegen mit einem Verbrennungsmotor erfolgte.

Mit dem Anstieg des Ölpreises und den immer strenger werdenden Emissionsrichtlinien erlangt die Idee des elektrischen Antriebs heute wieder an Bedeutung. Den Übergang zum rein elektrisch betriebenen Fahrzeug stellen dabei hybride Antriebstrangtopologien dar. Sie kommen aufgrund der Koexistenz beider Antriebsarten auch mit einer geringeren Ladekapazität der Batterie aus und machen dennoch die Vorteile des elektrischen Antriebs, insbesondere den der Rekuperation, nutzbar.

Die an Verbrennungsmotor und elektrische Maschine angelegten Standards hinsichtlich ihrer Betriebsfestigkeit sind identisch. Während die Entwicklung der Verbrennungskraftmaschine im Automobil und damit auch die Berechnung und Absicherung ihrer Betriebsfestigkeit auf eine etwa 100-jährige Geschichte zurückblickt, ist der Einsatz moderner elektrischer Maschinen hingegen, mit Ausnahme einiger Kleinserien, neu. Sie unterscheiden sich sowohl in Aufbau, Wirkungsweise und dynamischem Verhalten als auch in ihren Schädigungsmechanismen grundlegend vom Verbrennungsmotor.

Belastet wird eine elektrische Maschine im elektrifizierten Triebstrang durch elektromagnetische Kräfte, welche Schwingungen erzeugen. Gleichzeitig stellt die Maschine ein dynamisches System dar, welches durch die an der Anbauposition wirkenden Schwingungen angeregt wird. Letztere werden über standardisierte Lastprofile abgedeckt. Dass der qualitative Aufbau dieser Lastprofile erheblichen Einfluss auf die sich ausprägenden Schwingungen innerhalb der elektrischen Maschine nehmen kann, wird hierbei bislang vernachlässigt.

Neben der Erarbeitung von Methoden zur Beschreibung der oben aufgeführten Belastungsarten ist daher insbesondere der Vergleich der Betriebsfestigkeit bei Feld- und Prüfstandbelastungen Bestandteil dieser Arbeit.

2 Stand der Technik

Für den hybriden Antriebsstrang kommen mehr als 180 mögliche Topologien in Frage, wobei diese auf ca. 50 technisch relevante reduziert werden können [50, 49]. Davon sind gerade Konzepte mit parallelem Energiefluss von Elektromotor und Verbrennungskraftmaschine für zukünftige Entwicklungen von großer Bedeutung [80].
Vertreter solcher Konzepte stellen beispielsweise der „VW Touareg Hybrid" [6] oder der „Peugeot 3008 HYbrid4" [12] dar. Während der Elektromotor bei ersterem in den Antriebstrang integriert ist, verfolgt der Peugeot 3008 HYbrid 4 das Konzept der elektrischen Achse. Die Vorderachse des Fahrzeugs wird über einen Dieselmotor mit einer Leistung von 120 kW angetrieben. Sie läuft unabhängig von der Hinterachse, deren Antriebseinheit die elektrische Maschine bildet.

Abbildung 2.1 zeigt die Komponenten des elektrischen Triebstrangs im Peugeot 3008 HYbrid 4. Eine permanenterregte Synchronmaschine der Robert Bosch GmbH ist in Abbildung 2.1a dargestellt. Ihre Eigenschaften sind in Tabelle 2.1 zusammengefasst. Sie liefert bei einer maximalen Leistung von 30 kW ein Drehmoment von bis zu 250 Nm. Drehzahl und Drehmoment der elektrischen Maschine werden über das mit ihr über Schrauben fest verbundene zweistufige Getriebe der Firma GKN in Abbildung 2.1b übersetzt und an die Achse übergeben. Zusätzlich ist im Getriebe eine Kupplung integriert, welche den Elektromotor bei Geschwindigkeiten über 120 km/h abkoppelt, um somit Schleppverluste bei Autobahnfahrten zu minimieren.

Tabelle 2.1: Eigenschaften der permanenterregten Synchronmaschine in Abbildung 2.1a

Spezifikation	Wert
Mechanische Leistung	15 kW bis 30 kW
Drehmoment	70 Nm bis 250 Nm
Drehzahl	$\leq 7500 \, \mathrm{min}^{-1}$
Durchmesser / Eisenlänge	180 / 120
Gesamtmasse	31 kg
Rotormasse	11.2 kg

In dieser Arbeit wird die Betriebsfestigkeit elektrischer Maschinen im Antriebstrang von Elektro- und Hybridfahrzeugen beispielhaft an der in Abbildung 2.1a dargestellten elektrischen Maschine bewertet. Die schwingende Belastung, welcher die Maschine ausgesetzt ist, resultieren zum einen aus dynamischen Lasten, die von außen auf sie einwirken und

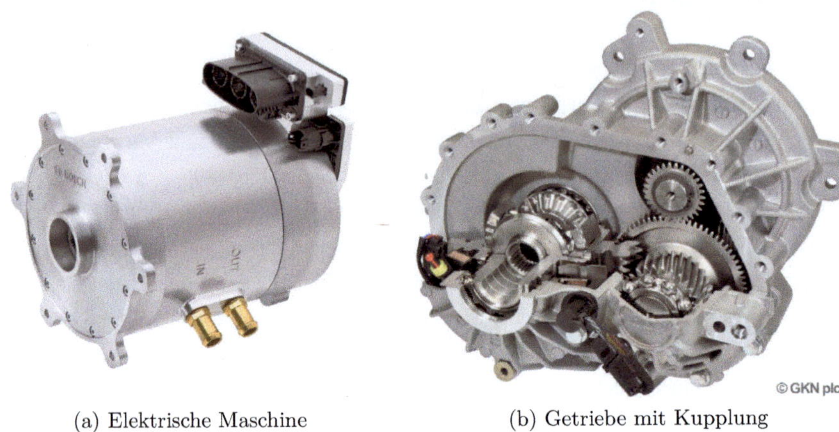

(a) Elektrische Maschine   (b) Getriebe mit Kupplung

Abb. 2.1: Komponenten des elektrischen Triebstrangs: (a) Elektrische Maschine der Robert Bosch GmbH, (b) Getriebe mit integrierter Kupplung der Firma GKN [26].

zu Schwingungen anregen, zum anderen aus elektromagnetischen Kräften im Luftspalt, welche die funktionale Grundlage des elektrischen Antriebs bilden.

Abschnitt 2.1 behandelt die Grundlagen der Modellierung von Rotor-Lager-Systemen sowie deren Schwingungen. Die zur Simulation dieser Systeme typischerweise eingesetzte Methode der elastischen Mehrkörperssysteme wird in Abschnitt 2.2 vorgestellt, wobei der Fokus auf den darin implementierten Reduktionsverfahren liegt. Elektromagnetische Kräfte werden im weiteren Verlauf im Formalismus dieser Reduktionsverfahren eingeprägt. Der Stand der Technik zur Beschreibung dieser Kräfte wird in Abschnitt 2.3 vorgestellt. Zum Schluss des Kapitels werden in Abschnitt 2.4 grundlegende Methoden der rechnerischen Betriebsfestigkeit vorgestellt, mit deren Hilfe eine Bewertung der auftretenden Belastungen durchgeführt werden kann.

2.1 Rotor-Lager-Systeme

In den meisten antriebstechnischen Anwendungen haben sich nach SCHLECHT [71] Wälzlager zur Lagerung drehender Bauteile durchgesetzt; so auch in der betrachteten elektrischen Maschine. Sie weisen im Vergleich zu anderen Lagerarten, wie z.B. Gleit- oder Magnetlager, deutliche Vorteile, insbesondere hinsichtlich Robustheit und Stand der Normung auf.

2.1.1   Aufbau von Wälzlagern

Neben der Unterscheidung in Radial- und Axiallager können Wälzlager auch entsprechend ihrer Wälzkörpergeometrie allgemein in Kugel- und Rollenlager unterschieden werden. Beide Bauarten sind in Abbildung 2.2 anhand eines Rillenkugellagers und eines Zylinderrollenlagers dargestellt.

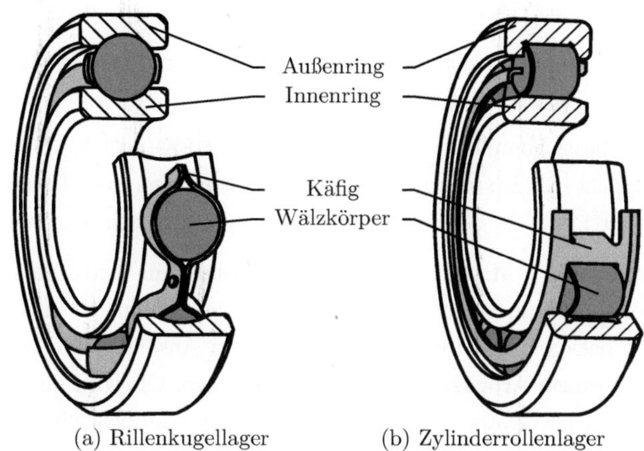

(a) Rillenkugellager   (b) Zylinderrollenlager

Abb. 2.2: Lagerbauarten nach SCHLECHT [71]: (a) Rillenkugellager, (b) Zylinderrollenlager.

Innerhalb der Wälzlager sind, aufgrund ihrer robusten Bauweise, der geringen Reibung und der kostengünstigen Herstellung, einreihige Rillenkugellager entsprechend Abbildung 2.2a am weitesten verbreitet [59, 71]. Diese Lagerart kann sowohl radiale als auch axiale Kräfte übertragen. Sie kann daher je nach Einbausituation als Fest- oder Loslager eingesetzt werden.

2.1.2   Modellierung des Rillenkugellagers

Rillenkugellager sind, wie in Abbildung 2.2a dargestellt, aus einem Innen- und Außenring sowie dazwischenliegenden, kugelförmigen Wälzkörpern aufgebaut. Die Kugeln, welche die Rotation zwischen Innen- und Außenring übertragen, laufen in Rillen und werden tangential in einem Käfig geführt, so dass ihre relative Winkellage während des Betriebs erhalten bleibt.

Die Kraftübertragung findet im Wälzkörper-Laufbahn-Kontakt statt. Dieser Kontakt entspricht der Berührung zweier allseitig gekrümmter, elastischer Körper. Erste Formulierungen eines solchen Kontaktes wurden von HERTZ [39, 40] veröffentlicht. STRIBECK [79] wandte diese allgemeine Theorie der HERTZ'schen Pressung 1901 auf Wälzlager an, wobei er sich auf den punktförmigen Kontakt bei Kugellagern beschränkte. Eine Erweiterung auf Zylinderrollenlager wurde 1939 von LUNDBERG vorgestellt [52]. Die Ergebnisse dieser Arbeiten wurden vor allem für statische Berechnungen bzw. zur Abschätzung der Lagerlebensdauer angewendet. ESCHMANN et al. geben einen guten Überblick über die Arbeiten und Forschungsergebnisse zu dieser Zeit [19].

Die geschaffenen Grundlagen der Steifigkeitsberechnung erweitern SCHREIBER [73] und WICHE [86] um die Berücksichtigung der Lagerluft.

Eine Integration dieser komplexen Kontaktgeometrie in FE- oder MKS-Modelle ist nach DRESIG [16] oft nicht möglich und macht den Einsatz von Lagermodellen nötig. Sie können in Anlehnung an KLEIN [46] in drei Detaillierungsgrade unterschieden werden:

Geringe Detailstufe: Modelle einer geringen Detailstufe betrachten das Lager als Ganzes, ohne auf die Verteilung der Kräfte oder Spannungen im Inneren einzugehen. Meist basieren die Modelle auf analytischen Ansätzen, welche oft eine Linearisierung an einem Arbeitspunkt notwendig machen. Oft wird auch nur die radiale Raumrichtung betrachtet. Haupteinsatzgebiet dieser Modelle sind einfache analytische Abschätzungen und statische Berechnungen.

Mittlere Detailstufe: Modelle einer mittleren Detailstufe separieren die Betrachtung auf einzelne Wälzkörper. Die Lagerkraft F_{res} resultiert schließlich aus der Überlagerung der Kräfte an den einzelnen Kugeln F_i, welche jeweils individuell berechnet werden

$$F_{\mathrm{res}} = \sum_{i=1}^{i=z} F_i \,, \tag{2.1}$$

wobei z die Anzahl der Kugeln im Lager bezeichnet.

Auf diese Weise können sowohl variable Druckwinkel als auch die Einflüsse der Lagerluft gut bestimmt werden. Gleichzeitig bietet die Betrachtung einzelner Kugeln auch die Möglichkeit Kippmomente bzw. kinematisch bedingte Kraftanregungen (vgl. BRÄNDLEIN et al. [10] und DRESIG [16]) zu berechnen. Mit VESSELINOV [83], Fritz et al. [23], Wensing [85] und Oest [59] sind nur einige der aktuell existierenden Lagermodelle aufgeführt.

Neben der Abbildung eines idealen Lagers konzentrieren sich viele aktuelle Veröffentlichungen mit Modellen dieser Detailstufe auch auf die simulative Betrachtung der Auswirkungen von Lagerschäden [1, 32, 43, 60, 85] auf die Dynamik des Systems.

Hohe Detailstufe: Zusätzlich zu der Betrachtung einzelner Wälzkörperkontakte sind
in Modellen mit einem hohen Detaillierungsgrad auch Berechnungsansätze für
Reibungs-, Dämpfungs- und Temperatureinflüsse zugefügt. Sie erfordern einen hohen Rechenaufwand sowie eine umfassende Kenntnis der Lagerparameter, welche in
der Regel nur den Herstellern zur Verfügung stehen.

2.1.3   Schwingungen des Rotor-Lager-Systems

Erste Untersuchungen zum Einfluss von Wälzlagern auf die Schwingungen einer Struktur
stammen von PERRET [63] und MELDAU [54]. Sie konzentrierten sich dabei auf die *„Pa-
rametrische Erregung"*. Diese beschreibt eine kinematisch bedingte Anregung der Struktur resultierend aus einer veränderten Verteilung der Wälzkörper entlang des Umfangs
während der relativen Drehung von Innen- zu Außenring. Die dadurch hervorgerufenen
Schwingungen treten als Vielfache der Rotationsfrequenz auf. Eine gute Übersicht über
die auftretenden Phänomene bieten DRESIG [16] und HARRIS [31].

Neben dieser Schwingungsanregung im Lager selbst stellen Wälzlager auch das Verbin-
dungsglied zwischen zwei sich relativ zueinander drehenden Körpern dar. Insofern beeinflussen sie durch ihre Steifigkeit maßgeblich das dynamische Verhalten des Rotor-Lager-
Systems. Neben Biegeschwingungen unterliegen vor allem transversale Starrkörperschwingungen des Rotors diesem Einfluss.

Schwingungen des als starr betrachteten Rotors innerhalb seiner Lagerung wurden bislang
nur in radialer Richtung betrachtet. Mithilfe der Methode der höher oder multiharmonischen Balance (vgl. HAYASHI [33]) untersucht SAITO in seiner Arbeit die Auswirkungen
radialer Lagerluft auf die Schwingungen des Rotors [67]. VILLA et al. [84] wenden dasselbe
Verfahren an und zeigen eine Übereinstimmung der Ergebnisse der höher harmonischen
Balance-Methode mit transienten Rechnungen im Orbitalraum auf. Die Auswirkung einer
axialen Vorspannung auf das Schwingungsverhalten werden von BAI et al. [4] untersucht.
In all diesen Fällen wird die Schwingung durch Unwuchtkräfte angeregt, welche von der
eingeprägten Drehzahl des Rotors abhängen.

Werden Wälzlager auch zur axialen Abstützung einer Welle innerhalb eines Gehäuses angewendet, beispielsweise als Festlager in einem Fest-Loslager Konzept, so können bedingt
durch die Lagersteifigkeit auch axiale Starrkörperschwingungen des Rotors auftreten. Dass
diese axialen Starrkörperschwingungen zu deutlicher Resonanz innerhalb eines Rotor-
Lager Systems führen können, wurde erstmalig von ÖST [59] aufgezeigt. Diese Möglichkeit wurde von WENSING in einer Eigenmode seines Lagermodells zwar berücksichtigt,
jedoch nicht untersucht [85]. ÖST verwendet zur Beschreibung ein Lagermodell innerhalb

einer Mehrkörperumgebung, welches transient berechnet wird. Zur Erklärung der physikalischen Schwingungsursachen betrachtet er einen nichtlinearen Einmassenschwinger, ohne jedoch den Einfluss

- axialer Lagerluft

- höherer Schwingungsordnungen

- der Dynamik des Lagerträgers

zu berücksichtigen.

In dieser Arbeit wird das Schwingungsverhalten des Rotor-Lager Systems in axialer Richtung genauer betrachtet. Die von ÖST vernachlässigten Punkte werden darin sowohl innerhalb der höher harmonischen Balance nach HAYASHI [33], SAITO [67] und VILLA et al. [84] als auch mit Hilfe transienter Modelle gelöst und anhand gemessener Schwingungsverläufe validiert.

2.2 Elastische Mehrkörpersimulation

Die strukturmechanische Simulation komplexer, mechanisch beanspruchter Bauteile erfolgt heutzutage vor allem mit Hilfe der Methode finiter Elemente (*FEM*) sowie der Mehrkörpersimulation (*MKS*). Die Wahl des geeigneten Formalismus hängt von der jeweiligen Problemstellung ab. Typischerweise wird die MKS angewandt, um die Interaktion mehrerer Körper über Gelenke, Federn oder Dämpfer zu simulieren, woraus sich die inneren Belastungen einzelner Körper errechnen lassen. Die FEM hingegen zielt auf die Analyse der Beanspruchung eines Körpers in Form lokaler Spannungen und Dehnungen ab. Hierzu wird der Körper mit Hilfe einer Vielzahl einzelner Knoten und Elemente dargestellt und an diesen lokale Spannungen und Dehnungen ermittelt.

Während die MKS in ihrer klassischen Form einzelne Körper als starr betrachtet, ermöglicht die elastische Mehrkörpersimulation (eMKS) eine Berücksichtigung der Flexibilität einzelner Bauteile. Die immense Anzahl an Freiheitsgraden, welche in einem FEM Modell zur Beschreibung der Flexibilität eines Körpers notwendig wäre, wird mit Hilfe von Reduktionsverfahren verringert. Die theoretischen Grundlagen hierfür werden im Folgenden vorgestellt, wobei der Fokus auf der Beschreibung der Elastizität einzelner Körper liegt. Eine allgemeine Einführung in die Theorie der Mehrkörpersimulation bieten beispielsweise SHABANA [76], BLUNDELL und HARTY [8] oder RILL und SCHAEFFER [66].

2.2.1   Beschreibung starrer Körper

Die Beschreibung starrer Körper erfolgt nach dem Ansatz des bewegten Bezugssystems
(„Floating Frame of Reference"). Dieser ist nach SCHWERTASSEK et al. [74] der am weitesten verbreitete Ansatz zur Beschreibung elastischer Mehrkörpersysteme und wird in
Abschnitt 2.2.2 um einen elastischen Term erweitert. Abbildung 2.3 zeigt einen Punkt P
auf einem beliebigen Körper K. Seine Position wird im körperfesten Koordinatensystem
$\mathcal{K}$ mit Hilfe des Vektors $\mathbf{c}_P$ definiert. Lage und Orientierung des Körpers wiederum sind
über dessen Bezugspunkt sowie die Transformationsmatrix $\mathbf{A}_{\mathcal{K}\mathcal{I}}$ des körperfesten Koordi-
natensystems $\mathcal{K}$ im Verhältnis zum Inertialsystem $\mathcal{I}$ bestimmt

$$^{\mathcal{I}}\mathbf{r}_P = {}^{\mathcal{I}}\mathbf{r}_{\mathcal{K}} + \mathbf{A}_{\mathcal{K}\mathcal{I}}\,{}^{\mathcal{K}}\mathbf{c}_P\,. \tag{2.2}$$

Gleichung (2.2) gibt schließlich die Lage des Punktes P im Inertialsystem $\mathcal{I}$ an.

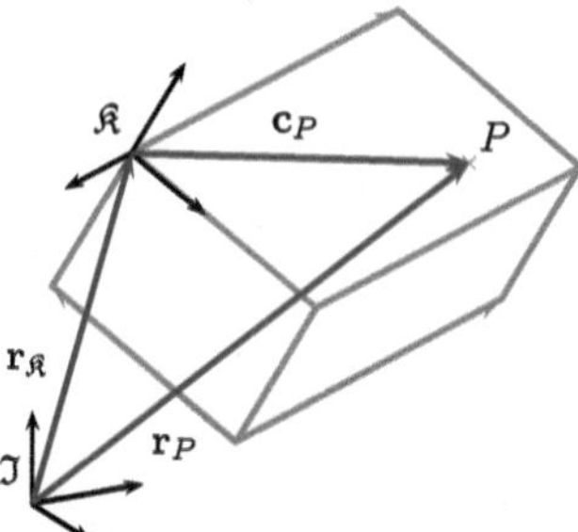

Abb. 2.3: Beschreibung eines Punktes P auf einem starren Körper im körperfesten
Koordinatensystem $\mathcal{K}$ und inertialen Koordinatensystem $\mathcal{I}$

2.2.2   Beschreibung elastischer Körper

Um die Elastizität eines Körpers im Formalismus der Mehrkörpersimulation zu integrieren, wird innerhalb des Ansatzes der bewegten Bezugskoordinatensysteme ein weiterer
Satz an Koordinaten hinzugefügt. Diese elastischen Koordinaten werden im bewegten
Koordinatensystem angegeben und beschreiben die Deformation des zugrundeliegenden
Körpers. Ein solcher Fall ist in Abbildung 2.4 dargestellt. Die Lagebeschreibung des Punk-
tes P aus Gleichung (2.2) wird hierfür um einen elastischen Verschiebungsterm $^{\mathcal{K}}\mathbf{u}_{\mathrm{e}}$ erweitert

$$^{\mathcal{I}}\mathbf{r}_P = {}^{\mathcal{I}}\mathbf{r}_{\mathcal{K}} + \mathbf{A}_{\mathcal{K}\mathcal{I}}\left({}^{\mathcal{K}}\mathbf{c}_P + {}^{\mathcal{K}}\mathbf{u}_{\mathrm{e}}\right)\,. \tag{2.3}$$

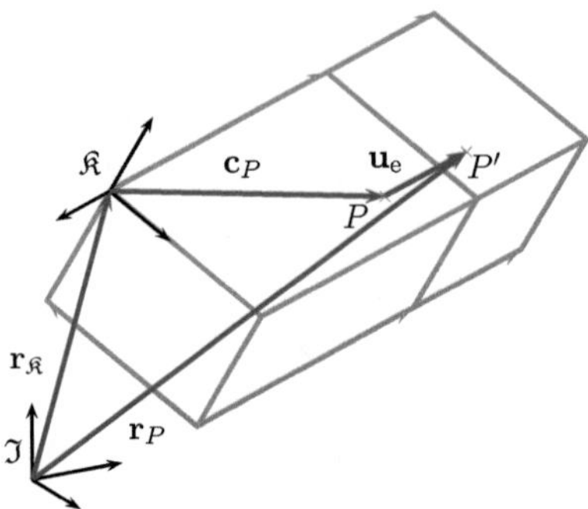

Abb. 2.4: Beschreibung eines Punktes P' auf einem elastischen Körper im körperfesten Koordinatensystem $\Re$ und inertialen Koordinatensystem $\mathfrak{J}$

Wird dieser elastische Term $^\Re\mathbf{u}_e$ mit Hilfe von FE-Methoden beschrieben, so steigt die
Anzahl der Freiheitsgrade drastisch an. So besteht das im späteren Verlauf der Arbeit
verwendete Modell der elektrischen Maschine aus etwa $5 \cdot 10^5$ Knoten, wobei jeder von
diesen mindestens je drei translatorische Freiheitsgrade aufweist. Um diese enorme Anzahl
an Freiheitsgraden numerisch effizient zu beschreiben, werden verschiedene Reduktionsverfahren angewandt.

2.2.3 Reduktionsverfahren

Die beiden einzigen Reduktionsverfahren, welche Anwendung in kommerzieller Simu-
lationssoftware fanden, sind nach der Übersicht von KOUTSOVASILIS und BEITEL-
SCHMIDT [48] die statische Reduktion nach GUYAN [27] und die modale Reduktion nach
CRAIG und BAMPTON [14]. Sie werden in diesem Abschnitt vorgestellt.

Statische Reduktion

Bei der GUYAN-Reduktion handelt es sich um ein statisches Reduktionsverfahren, welches
Knoteneigneschaften von Nebenfreiheitsgraden, basierend auf der Steifigkeit des Systems,
auf dessen Hauptfreiheitsgrade projiziert.

Ein System, bestehend aus N Freiheitsgraden, wird zunächst in Haupt- und Nebenfrei-
heitsgrade $\mathbf{u}_\mathrm{m}$ und $\mathbf{u}_\mathrm{s}$ unterteilt und der Verschiebungsvektor $\mathbf{u}$ neu sortiert

$$\mathbf{u} = \begin{bmatrix} \mathbf{u}_\mathrm{m} \\ \mathbf{u}_\mathrm{s} \end{bmatrix}. \tag{2.4}$$

Die Grundgleichung der Strukturdynamik eines konservativen mechanischen Systems

$$\mathbf{M}\ddot{\mathbf{u}} + \mathbf{K}\mathbf{u} = \mathbf{F} \tag{2.5}$$

kann nun entsprechend der Definition des Zustandsvektors (2.4) in Teilmatritzen umgeschrieben werden

$$\begin{bmatrix} \mathbf{M}_{mm} & \mathbf{M}_{ms} \\ \mathbf{M}_{sm} & \mathbf{M}_{ss} \end{bmatrix} \begin{bmatrix} \ddot{\mathbf{u}}_m \\ \ddot{\mathbf{u}}_s \end{bmatrix} + \begin{bmatrix} \mathbf{K}_{mm} & \mathbf{K}_{ms} \\ \mathbf{K}_{sm} & \mathbf{K}_{ss} \end{bmatrix} \begin{bmatrix} \mathbf{u}_m \\ \mathbf{u}_s \end{bmatrix} = \begin{bmatrix} \mathbf{F}_m \\ \mathbf{F}_s \end{bmatrix} . \tag{2.6}$$

Unter der Annahme, dass keine äußeren Kräfte auf Nebenfreiheitsgrade wirken, führt dies bei rein statischer Betrachtung zu

$$\mathbf{K}_{mm}\mathbf{u}_m + \mathbf{K}_{ms}\mathbf{u}_s = \mathbf{F}_m \tag{2.7}$$

$$\mathbf{K}_{sm}\mathbf{u}_m + \mathbf{K}_{ss}\mathbf{u}_s = \mathbf{F}_s = \mathbf{0} . \tag{2.8}$$

Aus Gleichung (2.8) kann nun ein Ausdruck der Nebenfreiheitsgrade in Abhängigkeit von den Hauptfreiheitsgraden formuliert werden

$$\mathbf{u}_s = -\mathbf{K}_{ss}^{-1}\mathbf{K}_{sm}\mathbf{u}_m , \tag{2.9}$$

wodurch der Zustandsvektor über eine statische Transformationsmatrix $\mathbf{\Phi}_{stat}$ und dessen Hauptfreiheitsgrade darstellbar wird

$$\mathbf{u} = \begin{bmatrix} \mathbf{u}_m \\ \mathbf{u}_s \end{bmatrix} = \begin{bmatrix} \mathbf{I} \\ -\mathbf{K}_{ss}^{-1}\mathbf{K}_{sm} \end{bmatrix} \mathbf{u}_m = \mathbf{\Phi}_{stat}\mathbf{u}_m . \tag{2.10}$$

Eingesetzt in die Grundgleichung des konservativen Systems (2.5) und vormultipliziert mit $\mathbf{\Phi}_{stat}^{T}$ ergibt sich hieraus

$$\underbrace{\mathbf{\Phi}_{stat}^{T}\mathbf{M}\mathbf{\Phi}_{stat}}_{\mathbf{M}_\gamma}\ddot{\mathbf{u}}_m + \underbrace{\mathbf{\Phi}_{stat}^{T}\mathbf{K}\mathbf{\Phi}_{stat}}_{\mathbf{K}_\gamma}\mathbf{u}_m = \underbrace{\mathbf{\Phi}_{stat}^{T}\mathbf{F}}_{\mathbf{F}_m} . \tag{2.11}$$

Die Gleichung des reduzierten Systems lautet somit

$$\mathbf{M}_\gamma\ddot{\mathbf{u}}_m + \mathbf{K}_\gamma\mathbf{u}_m = \mathbf{F}_m , \tag{2.12}$$

wobei die ursprüngliche Anzahl von N Freiheitsgraden auf die Anzahl der Hauptfreiheitsgrade reduziert ist.

Diese Methode ist statisch exakt, weist jedoch deutliche Schwächen bei einer dynamischen Betrachtung auf, da sie die dynamischen Eigenschaften der Nebenfreiheitsgrade bei der Reduktion vernachlässigt.

Modale Reduktion

Drei Jahre nach GUYAN stellen CRAIG und BAMPTON eine Substrukturtechnik vor, welche das Reduktionsverfahren zusätzlich zu der statischen Betrachtung um eine Abhängigkeit von den Struktureigenschwingungen erweitert. Hierfür wird das allgemeine Eigenwertproblem der Nebenfreiheitsgrade formuliert, wobei $\mathbf{\Phi}_{\mathrm{dyn}}$ die Eigenvektoren enthält

$$(\mathbf{M}_{\mathrm{ss}} - \lambda \mathbf{K}_{\mathrm{ss}})\mathbf{\Phi}_{\mathrm{dyn}} = \mathbf{0}\,. \tag{2.13}$$

Die Transformationsmatrix der modalen Reduktion $\mathbf{\Phi}$ setzt sich nun aus der statischen Transformationsmatrix $\mathbf{\Phi}_{\mathrm{stat}}$ aus Gleichung (2.10) sowie den Eigenvektoren des Eigenwertproblems $\mathbf{\Phi}_{\mathrm{dyn}}$ aus (2.13) zusammen

$$\mathbf{\Phi} = \begin{bmatrix} \mathbf{I} & \mathbf{0} \\ -\mathbf{K}_{\mathrm{ss}}^{-1}\mathbf{K}_{\mathrm{sm}} & \mathbf{\Phi}_{\mathrm{dyn}} \end{bmatrix}\,. \tag{2.14}$$

Werden hierfür alle Eigenvektoren verwendet, so bleibt die Anzahl der Freiheitsgrade im modalen Raum erhalten. Die Reduktion der Anzahl an Freiheitsgraden erfolgt dadurch, dass nicht alle Eigenvektoren aus Gleichung (2.13) in der Transformationsmatrix berücksichtigt werden. Da viele Eigenvektoren nicht oder nur kaum zur Deformation der elastischen Struktur beitragen, ist die Beschreibung trotz einer signifikanten Reduktion der Freiheitsgrade für viele Anwendungsfälle ausreichend genau.

Der Verschiebungsvektor $\mathbf{u}$ kann dann mit einem Ansatz nach RITZ mithilfe einer Linearkombination ν einzelnen Vektoren $\mathbf{\Phi}_i$ und Gewichtungsfaktoren q_i approximiert werden

$$\mathbf{u} = \sum_{i=1}^{\nu} \mathbf{\Phi}_i q_i = \mathbf{\Phi}\mathbf{q}\,, \tag{2.15}$$

wobei die ersten Elemente des Verschiebungsvektors $\mathbf{q}$ der Verschiebung der Hauptfreiheitsgrade $\mathbf{u}_{\mathrm{m}}$ entsprechen.

Die Transformationsmatrix $\mathbf{\Phi}$ wird analog zu dem Verfahren der GUYAN-Reduktion auf die dynamische Gleichung des konservativen mechanischen Systems (2.5) angewandt. Mit der Transformation der Massen- und Steifigkeitsmatrix sowie des Kraftvektors $\mathbf{F}$

$$\mathbf{M}_\mu = \mathbf{\Phi}^\mathrm{T}\mathbf{M}\mathbf{\Phi} \tag{2.16}$$

$$\mathbf{K}_\mu = \mathbf{\Phi}^\mathrm{T}\mathbf{K}\mathbf{\Phi} \tag{2.17}$$

$$\mathbf{F}_\mu = \mathbf{\Phi}^\mathrm{T}\mathbf{F}\mathbf{\Phi} = \begin{bmatrix} \mathbf{F}_\mathrm{m} & \mathbf{0} \end{bmatrix}^\mathrm{T} \tag{2.18}$$

liefert sie die reduzierte Gleichung des konservativen Systems im modalen Raum (Index:μ)

$$\mathbf{M}_\mu\ddot{\mathbf{q}} + \mathbf{K}_\mu\mathbf{q} = \mathbf{F}_\mu . \tag{2.19}$$

2.3   Elektromagnetische Kräfte in mechanischen Strukturen

Rotierende elektrische Maschinen bestehen aus einem Stator und einem Rotor. Die Felder beider Komponenten überlagern sich im Luftspalt und erzeugen nach MÜLLER und PONICK elektromagnetische Kräfte [56]. Sie bilden damit die funktionale Grundlage der Wandlung elektrischer Energie, in Form von Spannung und Strom, in mechanische Energie, in Form von Drehmoment und Drehzahl und umgekehrt. Zusätzlich beeinflussen diese Kräfte auch dynamische Strukturschwingungen und äußern sich insbesondere im Luftschall, welcher von der Oberfläche abgestrahlt und als Lärm wahrgenommen wird. Man denke beispielsweise an den charakteristischen Klang elektrischer Spielzeugeisenbahnen, Straßenbahnen oder Waschmaschinen, welche allesamt mit Elektromotoren betrieben werden. Die Betrachtung elektromagnetisch erregter Schwingungen im Hinblick auf den von der Maschine abgestrahlten Luftschall steht daher im Vordergrund vieler Veröffentlichungen. JORDAN [45] zeigte 1950 einen geschlossenen Weg von der elektromagnetischen Anregung bis hin zur Schallabstrahlung der Struktur unter Berücksichtigung derer mechanischer Eigenschaften auf. Basierend auf dieser Methode entwickelte SEINSCH [75] eine übersichtliche, tabellarische Form, mit deren Hilfe die Ursachen einzelner Schwingungen deutlich hervorgehoben werden.

Beide, SEINSCH und JORDAN, stützen ihre Untersuchungen auf rein analytische Modelle. Um die damit verbundenen Einschränkungen hinsichtlich der Modellierungsgenauigkeit zu umgehen, werden in den Arbeiten von SALON [68] und ARKKIO [2] numerische Verfahren zur Berechnung der elektromagnetischen Felder und den daraus resultierenden Kräften eingesetzt. RAMESOHL [64] untersucht ebenfalls die Auswirkungen elektromagnetischer Kräfte auf die Schallabstrahlung mithilfe numerischer Berechnungsverfahren und fokussiert sich dabei auf einen von der Robert Bosch GmbH entwickelten Klauenpolgenerator. Wie bereits JORDAN zeigt GIERAS [25] erneut den geschlossenen Weg von der Feldberech-

nung hin zur Schallabstrahlung auf, wobei er numerische Berechnungsverfahren, basierend
auf der Methode finiter Elemente (FEM) und der Randelementmethode (BEM), einsetzt.

Die mechanische Struktur, welche durch elektromagnetischen Kräfte zu Schwingungen
angeregt wird, ist in den oben genannten Arbeiten entweder stark vereinfacht analytisch
oder numerisch, mit Hilfe von FEM-Modellen, beschrieben. Eine numerische Berechnung
der dynamischen Eigenschaften mit MKS-Modellen ist bislang nicht bekannt. SASS [69]
zeigte in ihrer Arbeit zwar einen Ansatz zur multidisziplinären Simulation unter Berücksichtigung elektrostatischer Kräfte, diese spielen in einer elektrischen Maschine jedoch
eine untergeordnete Rolle. Für die Integration komplexer multidisziplinärer Kräfte schlagen HECKMANN et al. [34] eine Co-Simulation mehrerer monodisziplinärer Modelle vor.

2.4 Methoden der rechnerischen Betriebsfestigkeit

Der rechnerische Betriebsfestigkeitsnachweis eines schwingbeanspruchten Bauteils verfolgt
das Ziel, dessen Versagen über eine definierte Lebensdauer zu vermeiden. Nach HANSELKA
und SONSINO [30] ist die Betriebsfestigkeit des Produktes somit nichts anderes, als dessen
geforderte Lebensdauer. Der Ermüdungsbruch eines schwingbeanspruchten Produktes ist
nach HAIBACH dadurch gekennzeichnet, dass er „nicht wie der Gewaltbruch als Folge
einer einmaligen extremen Beanspruchung auftritt, sondern im Verlauf der Zeit unter der
schwingend einwirkenden Betriebsbeanspruchung entsteht" [28].

Abhängig von der Aufgabenstellung und dem Ziel der Berechnung werden nach HAIBACH
fünf verschiedene Konzepte zur Durchführung eines rechnerischen Betriebsfestigkeitsnach-
weises eingesetzt:

Nennspannungskonzept: Beim Nennspannungskonzept werden die linear-elastischen Nennspannungen eines Bauteils bewertet. Sie stehen einer bauteilspezifischen
Wöhlerlinie gegenüber, welche die Einflüsse von Material, Geometrie und Fertigung
berücksichtigt. Das Verfahren wird in Abschnitt 2.4.1 ausführlich vorgestellt.

Kerbspannungskonzept: Das Kerbspannungskonzept bewertet unter der Annahme
linear elastischen Werkstoffverhaltens die Spannung am versagenskritischen Punkt
eines Bauteils. Diese werden der ertragbaren Kerbspannungswöhlerlinie des Bauteils
gegenübergestellt.

Örtliches Konzept: Ähnlich zum Kerbspannungskonzept bewertet auch das Örtli-
che Konzept die Beanspruchung eines Bauteils im versagenskritischen Punkt. Der
Unterschied besteht darin, dass zur Ermittlung der Beanspruchung das elastisch-
plastische Verhalten des Werkstoffs berücksichtigt wird.

Strukturspannungskonzept: Das Strukturspannungskonzept wurde für die Berechnung von Schweißnähten entwickelt. Dabei werden die auftretenden Spannungen direkt vor der Schweißnaht ermittelt und bewertet.

Bruchmechanik-Konzept: Das Bruchmechanik-Konzept beschreibt die Lebensdauer rissbehafteter Bauteile. Basierend auf der Beanspruchung der Rissspitze wird die Vergrößerung der Risslänge ermittelt. Aus einer Abschätzung des Risswachstums kann die Zeit bis zum Erreichen einer kritischen Risslänge ermittelt werden.

Die Verfahren unterscheiden sich insgesamt in der Annahme des Materialverhaltens, dem Ort der Betrachtung und dem Versagenskriterium. Die Anwendung lokaler Konzepte, wie dem örtlichen Konzept, ist meist aufwendiger, da sie eine detailliertere Messung bzw. Berechnung der Spannungen im kritischen Punkt sowie die genaue Kenntnis von elastisch-plastischer Materialeigenschaften erfordern. Im Gegensatz dazu ist die Handhabung linear-elastischer Konzepte, wie dem Nenn- oder Kerbspannungskonzept, verhältnismäßig einfach sowie nach EULITZ [20] aufgrund der geringen Parameterzahl nicht ungenauer und aufgrund dessen weit verbreitet.

2.4.1 Nennspannungskonzept

Das Nennspannungskonzept bewertet die Beanspruchungen eines Bauteils, welche durch dessen äußere Belastungen hervorgerufen werden, auf Basis von Nennspannungen. Sie werden einer Nennspannungswöhlerlinie gegenübergestellt, welche die bauteilspezifischen Eigenschaften berücksichtigt. Der Vorteil des Nennspannungskonzeptes besteht nach HAIBACH [28] darin, dass äußere Belastungen, z.B. durch Kräfte und Momente, in einem linearen Zusammenhang zur resultierenden Beanspruchung - der Nennspannung - stehen. Oft ist daher eine makroskopische Betrachtung des Bauteils anhand dessen eingeprägter Belastungen zulässig.

Die Belastbarkeit des Bauteils wird anhand von Wöhlerlinien beschrieben. Verbreitet ist ihre Formulierung in der Form nach BASQUIN [5]

$$N = N_{\mathrm{D}} \cdot \left(\frac{\sigma_{\mathrm{a}}}{\sigma_{\mathrm{D}}} \right)^{-k} . \tag{2.20}$$

Im doppelt logarithmischen $N - \sigma -$ Diagramm wird ihre Darstellung damit als Gerade im Bereich der Zeitfestigkeit ermöglicht. Die Steigung der Geraden entspricht nach Gleichung (2.20) dem Wöhlerexponenten k.

Der Wöhlerkurve, welche die Belastbarkeit des Bauteils kennzeichnet, steht ein Belas-

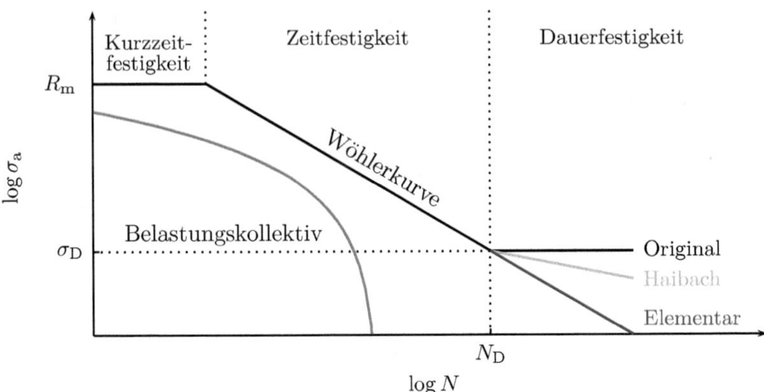

Abb. 2.5: Prinzipielle Darstellung der Wöhlerkurve als näherungsweise linearisierter Verlauf.

tungskollektiv gegenüber. Das Belastungskollektiv wird unter Anwendung von Zähl- oder Klassierverfahren aus der Belastungs-Zeit Funktion des Bauteils ermittelt. Stand der Technik ist das Rainflow-Verfahren, welches auf der Zählung geschlossener Hystereseschleifen beruht. Die aus dem Vergleich des Kollektivs mit der Belastbarkeit resultierende Schädigung D des betrachteten Bauteils kann anschließend mit Hilfe der Hypothese der linearen Schadensakkumulation errechnet werden.

2.4.2 Hypothesen der linearen Schadensakkumulation

Grundlage der Schadensakkumulation ist die Annahme, dass jedes Schwingspiel zur Schädigung eines Bauteils beitragen kann. Das Maß der Schädigung entspricht dem Verhältnis der auftretenden Schwingspielzahl $N_{\mathrm{KS},i}$ einer Kollektivstufe i zur ertragbaren Schwingspielzahl N_i. Die Summe der Einzelschädigungen D_i resultiert in einer Gesamtschädigung D

$$D = \sum_{i=1}^{w} D_i = \sum_{i=1}^{w} \frac{N_{\mathrm{KS},i}}{N_i} \,. \tag{2.21}$$

Bei einem Gesamtschädigungswert von $D = 1$ wird das Bauteilversagen angenommen. Diese einfachste Art der linearen Schadensakkumulation geht auf Veröffentlichungen von PALMGREN, MINER und LANGER [62, 55, 51] zurück und wird als *Miner-Regel* bezeichnet. Diese ursprüngliche Form der Miner-Regel vernachlässigt zwei Effekte:

- Die Reihenfolge, in der die Lastspiele auftreten (Reihenfolgeeffekte)

- Den Schädigungseinfluss von Schwingspielen unterhalb der Dauerfestigkeit σ_D

Aus diesem Grund schlagen CORTEN und DOLAN [13] in der elementaren Form der Miner Regel eine Absenkung der Dauerfestigkeit auf $\sigma_D = 0$ vor. Die entsprechende Modifikation der Wöhlerlinie ist in Abbildung 2.5 zusätzlich aufgetragen. Dieser Ansatz unterschätzt jedoch i.d.R. die Lebensdauer und ist daher nur für Werkstoffe gültig, die keinen ausgeprägten Dauerfestigkeitsbereich aufweisen.

Um das systematische Unterschätzen der Lebensdauer zu umgehen, aber gleichzeitig beide vernachlässigten Effekte der ursprünglichen Miner-Regel zu berücksichtigen, schlägt HAIBACH eine Erweiterung der Zeitfestigkeitsgeraden vor, wobei unterhalb von σ_D eine Neigung von $(2k-1)$ angenommen wird. Diese berücksichtigt den Abfall der Dauerfestigkeit aufgrund fortschreitender Schädigung. Die resultierende Fortsetzung der Wöhlerkurve liegt somit im Bereich der Dauerfestigkeit in Abbildung 2.5 zwischen der originalen und der elementaren Form der Wöhlerkurve.

3 Elektromagnetisch erregte Schwingungen

Elektromagnetische Kräfte treten nicht nur rein drehmomenterzeugend auf, sondern wirken als lokale, radiale Kräfte auf Rotor und Stator und sind so für das Entstehen der Schwingungen maßgeblich. Nach JORDAN [45] überwiegt diese radiale Komponente der Kraft sogar.

In diesem Kapitel wird eine Methode aufgezeigt, mit deren Hilfe der Einfluss elektromagnetisch erregter Schwingungen in einem elastischen Mehrkörpersimulationsmodell des Motors abgebildet werden kann. Dazu wird in Abschnitt 3.1 eine physikalische Beschreibung entstehender Kräfte auf Basis des MAXWELL'schen Spannungstensors vorgestellt. In 3.2 wird eine Möglichkeit zur Implementation verteilter Kräfte am einfachen Beispiel aufgezeigt. Im Anschluss wird in Abschnitt 3.3, basierend auf den Grundlagen aus Abschnitt 3.1 und Abschnitt 3.2, ein Modell des Hybridmotors unter Einfluss elektromagnetischer Kräfte untersucht. Die daraus resultierenden Oberfächenschwingungen am Gehäuse werden mit experimentellen Daten verglichen.

3.1 Physikalische Beschreibung elektromagnetischer Kräfte

Nach BINDER [7] entsteht die Kraftwirkung auf den Läufer einer permanenterregten Synchronmaschine durch die Wechselwirkung des Ständerdrehfeldes auf das Läufermagnetfeld. Der magnetische Fluss des Ständerdrehfeldes wird elektrisch mithilfe einer mehrphasigen Wicklung erzeugt und über Zähne in den Luftspalt eingeleitet. Diese Zähne schließen jedoch den Zustand eines ideal sinusförmigen Ständerdrehfeldes aus, da dessen Zu- und Abnahme nur an distinkten Punkten erfolgt. Als Resultat schwingt das Feld auch in höheren Ordnungen. Der Aufbau eines solchen Ständers der Eisenlänge L ist in Abbildung 3.1 skizziert.

Zusätzlich bewirken zwei weitere Effekte die Abweichung des Luftspaltfeldes von seiner Grundharmonischen. Zum einen wird das Rotorfeld ebenfalls an diskreten Punkten, also den Magneten, erzeugt, zum anderen ist die Abdeckung der Ständerzähne mit diesen Magneten und die daraus resultierende Stranginduktivität abhängig von der relativen Winkellage [35]. Die aus der Wechselwirkung resultierende Schwingung des Luftspaltfeldes weist dann sowohl zeit- als auch positionsabhängige Anteile auf und zeigt damit die Charakteristik einer Welle.

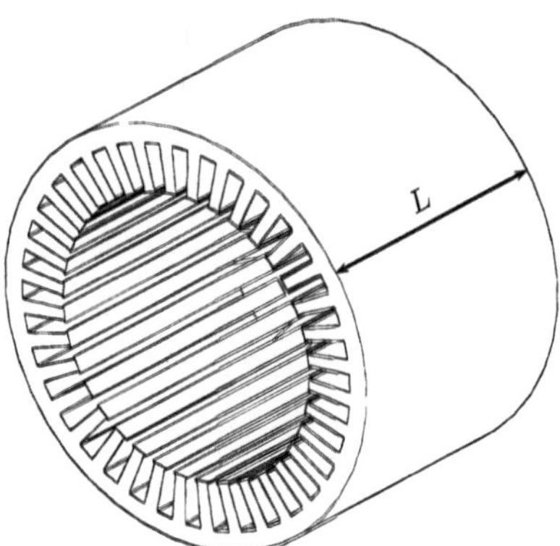

Abb. 3.1: Skizze eines Ständers

3.1.1   Berechnung elektromagnetischer Kräfte

Zur Berechnung elektromagnetischer Kräfte wird in dieser Arbeit der MAXWELL'sche
Spannungstensors $\mathbf{T}$ verwendet. Dieser berechnet sich zum Beispiel nach MÜLLER
und PONICK [57] unter Vernachlässigung elektrischer Felder aus der magnetischen
Feldstärke H und der magnetischen Permeabilität μ des durchfluteten Mediums

$$\mathbf{T} = \begin{bmatrix} \mu H_1^2 - \tfrac{1}{2}\mu H^2 & \mu H_1 H_2 & \mu H_1 H_3 \\ \mu H_2 H_1 & \mu H_2^2 - \tfrac{1}{2}\mu H^2 & \mu H_2 H_3 \\ \mu H_3 H_1 & \mu H_3 H_2 & \mu H_3^2 - \tfrac{1}{2}\mu H^2 \end{bmatrix} . \tag{3.1}$$

Die Einheit des Tensors entspricht einer mechanischen Spannung. Er kann als Zusammensetzung aus Schub- und Normalspannung gemäß Abbildung 3.2 verstanden werden.

Die auf ein Volumenelement einwirkende Kraft $\vec{F}$ wird durch Integration des Spannungstensors $\mathbf{T}$ über der Hüllfläche A des Elementes berechnet

$$\vec{F} = \oint \mathbf{T} \mathrm{d}\vec{A}. \tag{3.2}$$

Das Drehmoment der elektrischen Maschine ergibt sich schließlich auf einer fiktiven Kreis-
zylinderfläche, welche koaxial zur Maschinenachse im Luftspalt liegt. Sie ist in Abbildung 3.3 dargestellt. Die resultierende Tangentialkraft $F_{\varphi,\mathrm{res}}$ folgt aus (3.2), wobei das
Flächenintegral unter Annahme einer konstanten Eisenlänge L und axial konstanten

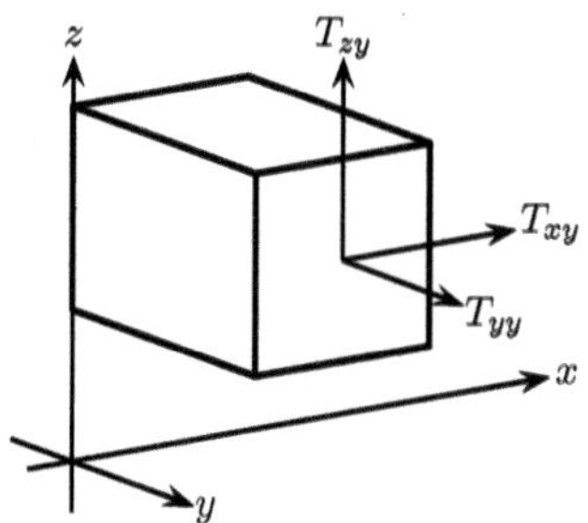

Abb. 3.2: Zusammensetzung des Spannungstensors aus Schub- und Normalspannungskomponenten T_{yy} und T_{zy}, T_{xy}, dargestellt an einer Oberfläche.

Verhältnissen im Luftspalt zu einem Linienintegral wird

$$F_{\varphi,\mathrm{res}} = L \oint T_{21}\mathrm{d}\varphi = \mu_0 L \int_0^{2\pi} H_\varphi H_r \mathrm{d}\varphi\,. \tag{3.3}$$

Durch Multiplikation mit dem Abstand der fiktiven Zylinderfläche zur Rotationsachse $\vec{r}$ folgt daraus das Drehmoment

$$\vec{M} = \vec{r} \times \vec{F}\,. \tag{3.4}$$

Analog zur resultierenden Tangentialkraft kann auch die radiale Kraft an der Zylinder-

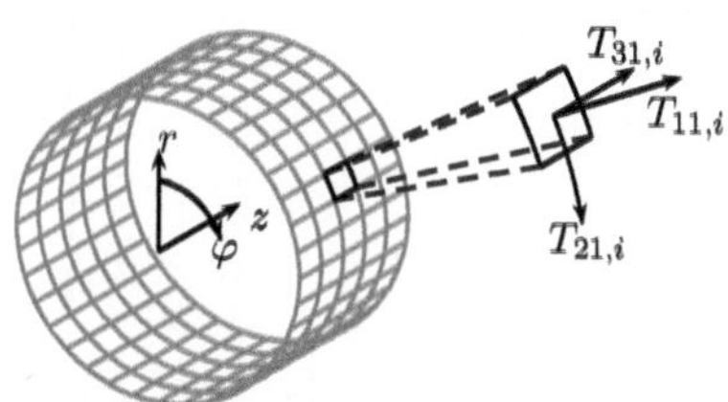

Abb. 3.3: Berechnung des Drehmoments über eine fiktive Zylinderfläche im Luftspalt. $T_{11,i}$ entspricht der Normalspannung in radialer, $T_{31,i}$ und $T_{21,i}$ den Schubspannungen in axialer und tangentialer Richtung am Flächenelement i.

fläche berechnet werden. Anstelle der Schubspannung wird hierfür die Normalspannung $T_{11,i}$ verwendet. Zudem werden die Integrationsgrenzen pro Element kleiner gehalten, da lokale Verläufe und nicht die resultierende Kraft auf den Läufer von Interesse sind. Entsprechend muss auf eine feine Vernetzung des Luftspalts entlang der Zylinderfläche geachtet werden.

3.1.2　Analytische Beschreibung der Zugspannungswellen

Die Spannung im Luftspalt resultiert nach Gleichung (3.1) aus dem magnetischen Feld. Dieses wird mit Hilfe der FEM für den Hybridmotor bestimmt und in diesem Abschnitt hinsichtlich der daraus entstehenden mechanischen Spannungen in radialer Richtung und deren Ausprägung untersucht. Die Berechnung erfolgt bei maximalem Drehmoment mit $M = 250\,\mathrm{Nm}$ und einer Drehzahl von $n = 1000\,\mathrm{min}^{-1}$, da angenommen wird, dass lokale Normalspannungen mit der drehmomenterzeugenden Schubspannung ansteigen und ihr Einfluss auf die Oberflächenschwingung der Maschine folglich zunimmt.

Aufgrund der Multiplikation der Feldgrößen in (3.1) zur Berechnung der radialen Zugspannung liegt diese ebenfalls in Wellenform vor. Ihre Ordnungen N_σ berechnen sich aus allen additiven und subtraktiven Kombinationen der Ordnungen N_H des magnetischen Feldes

$$N_\sigma = N_{\mathrm{H,i}} \pm N_{\mathrm{H,w}}\,,\ i = 1, 2...\infty\,,\ w = 1, 2...\infty \tag{3.5}$$

Abbildung 3.4a zeigt den nach Abschnitt 3.1.1 berechneten Verlauf der radialen Spannung im Hybridmotor über den Umfangswinkel γ. Das Amplitudenspektrum ist in Abbildung 3.4b dargestellt und weist die in Gleichung (3.5) prognostizierten Ordnungen in der Spannungswelle auf. Die angenommene Ortsabhängigkeit zur Einführung des Wellenbegriffs ist somit bestätigt.

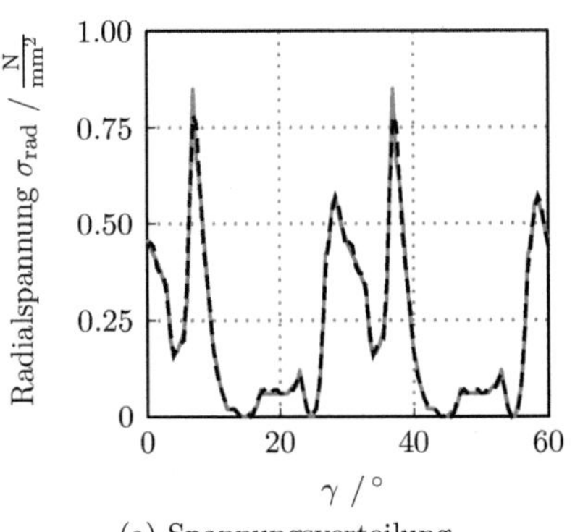

(a) Spannungsverteilung

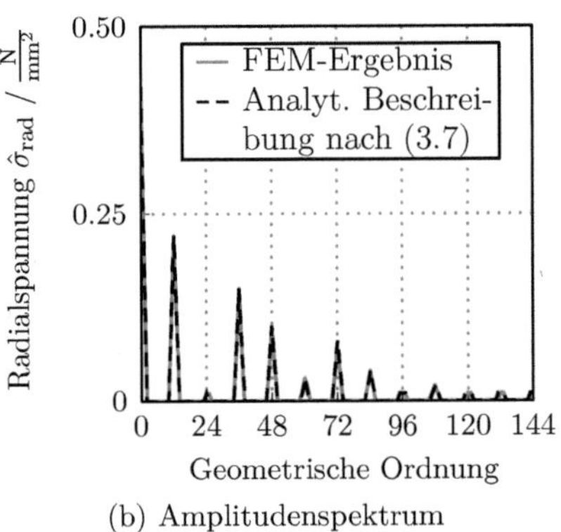

(b) Amplitudenspektrum

Abb. 3.4: Auftreten ortsabhängiger, radialer Spannungen im Luftspalt der Maschine für $\beta = 0$.

Zur Untersuchung der Zeitabhängigkeit radialer Spannungswellen zeigt Abbildung 3.5a den Verlauf der radialen Spannung für $\gamma = 0°$ bei rotierendem Läufer. Der Betriebspunkt ist dem aus Abbildung 3.4 identisch. Die relative Winkellage $\beta(t)$ zwischen Stator und Rotor berechnet sich aus der Drehzahl

$$\beta(t) = \beta_0 + \frac{n}{2\pi}t \qquad (3.6)$$

und dem initialen Winkel β_0.

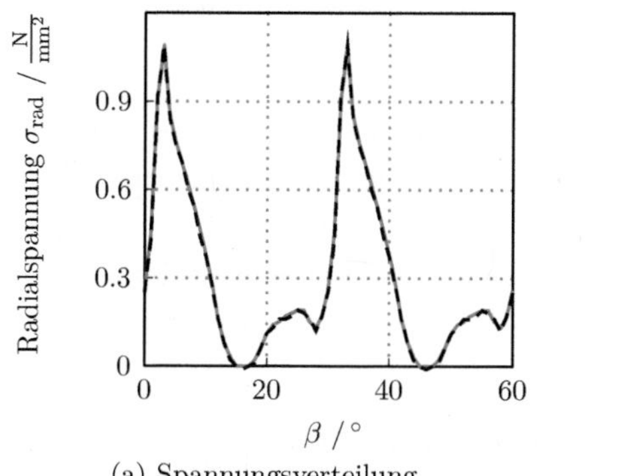

(a) Spannungsverteilung

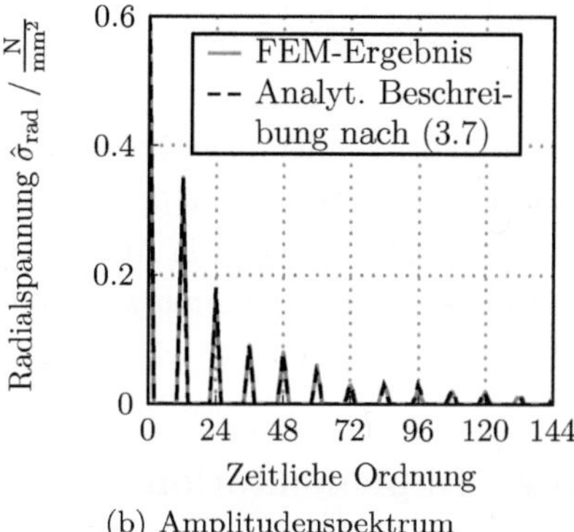

(b) Amplitudenspektrum

Abb. 3.5: Auftreten zeitabhängiger, radialer Spannungen im Luftspalt der Maschine für $\gamma = 0$.

Deutlich ist erneut eine $30°$-Periodizität im Verlauf zu erkennen. Die zeitlichen Ordnungen im Amplitudenspektrum in Abbildung 3.5b zeigen dieselben Vielfachen wie zuvor in Abbildung 3.4b. Zusätzlich fällt auf, dass die Ordnungen 24 und 60, deren Amplituden in Abbildung 3.4b nahezu 0 sind, wieder deutlicher auftreten.

Graphisch ist diese Orts- und Zeitabhängigkeit in Abbildung 3.6 dargestellt. Die geometrische Ordnung N_g bestimmt dabei die räumliche Ausprägung der Spannungswelle in Abhängigkeit vom Umfangswinkels γ. Diese Welle wandert entlang des Umfangs mit einem Vielfachen der zeitabhängigen Winkellage $w\beta(t)$.

Die daraus resultierende Spannungsverteilung im Luftspalt ist mit Hilfe einer zweidimensionalen Fourierreihe beschreibbar. Aus dem zugrunde liegenden Datensatz wird nach VAN DER GIET et al. [82] die Koeffizientenmatrix $\mathbf{Q}$ einer zweidimensionalen, diskreten Fouriertransformation (DFT) mit definierter Anzahl an Ordnungen N_g, N_t bestimmt

$$\sigma_\mathrm{rad}(\gamma, \beta) = \sum_{i=1}^{N_\mathrm{g}-1} \sum_{w=1}^{N_\mathrm{t}-1} Q(i, w) \cos(i\gamma + w\beta + \varphi(i, w)) \,. \qquad (3.7)$$

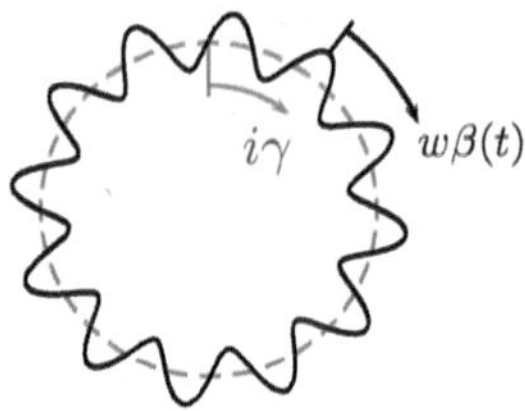

Abb. 3.6: Darstellung der 12. räumlichen Ordnung der radialen Spannungswelle im Luftspalt.

Zur Verifikation der analytischen Beschreibung ist der radiale Spannungsverlauf einmal bei identischer Winkellage β in Abbildung 3.4 und einmal für einen Punkt am Umfang bei rotierender Maschine in Abbildung 3.5 für $N_\mathrm{g} = N_\mathrm{t} = 144$ aufgetragen. Ein Vergleich mit seinen Ursprungswerten zeigt, dass beide Verläufe nahezu deckungsgleich sind. Die Wahl von $N_\mathrm{g} = N_\mathrm{t} = 144$ wird im Folgenden somit für ausreichend genau erachtet.

3.2 Implementation elektromagnetischer Kräfte

In Abschnitt 2.2 wurde bereits die Theorie zur Beschreibung elastischer Mehrkörpersysteme unter Anwendung des Reduktionsverfahrens nach CRAIG & BAMPTON vorgestellt. Die Anwendung dieses Algorithmus setzt auf einzelne Knoten diskretisierbare Kräfte voraus. Elektromagnetische Kräfte treten jedoch über mehrere Knoten verteilt auf. Eine Implementation kann daher nicht direkt erfolgen. Vielmehr müssen elektromagnetische Kräfte in den modalen Raum transformiert und dort als „modale Kräfte" eingebracht werden.

3.2.1 Modale Kräfte

Nach DRESIG und HOLZWEISSIG [17] bezeichnen modale Kräfte die auf die i-te Eigenform eines Systems reduzierten Erregerkräfte. Der Zusammenhang zwischen modalen und nodalen Kräften wird, wie auch der Zustandsvektor $\mathbf{q}$ in Abschnitt 2.2, mithilfe eines RITZ-Ansatzes formuliert

$$\mathbf{F}_\mu = \sum_{i=1}^{\nu} \phi_i F_i = \boldsymbol{\Phi}\mathbf{F}\,. \tag{3.8}$$

Wird in Gleichung (3.8) die Transformationsmatrix nach CRAIG und BAMPTON [14] entsprechend Abschnitt 2.2.3 eingesetzt, so liegt den Kräften eine, dem elastischen Körper identische, modale Basis zugrunde. Die daraus resultierende Beschreibung ist in Abbildung 3.7 graphisch an einem Balkenmodell mit 11 Knoten dargestellt.

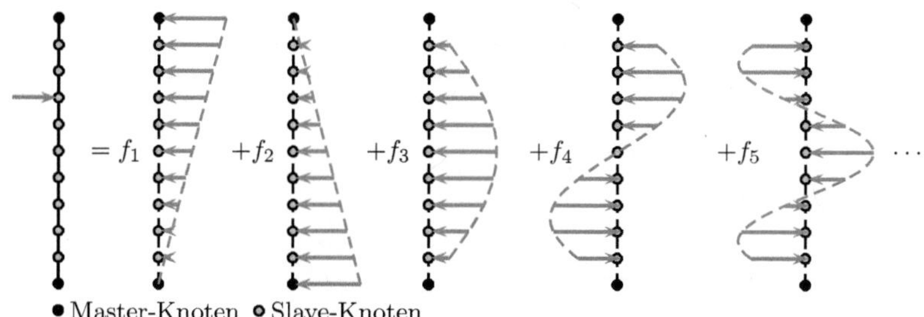

Abb. 3.7: Darstellung der modalen Kraft auf Slave-Knoten als Linearkombination statischer ϕ_{stat} und dynamischer ϕ_{dyn} Moden mit den jeweiligen Koeffizienten $f_1...f_\nu$.

Die zugehörige Rechenvorschrift zur Beschreibung der modalen Kraft lautet:

$$\mathbf{F}_\mu = \mathbf{\Phi F} = \begin{bmatrix} \mathbf{I} & \phi_{\mathrm{stat}} \\ \mathbf{0} & \phi_{\mathrm{dyn}} \end{bmatrix} \begin{bmatrix} \mathbf{F}_{\mathrm{m}} \\ \mathbf{F}_{\mathrm{s}} \end{bmatrix} = \begin{bmatrix} \mathbf{I} \\ \mathbf{0} \end{bmatrix} \mathbf{F}_{\mathrm{m}} + \begin{bmatrix} \phi_{\mathrm{stat}} \\ \phi_{\mathrm{dyn}} \end{bmatrix} \mathbf{F}_{\mathrm{s}} . \tag{3.9}$$

Kräfte an Master-Knoten $\mathbf{F}_{\mathrm{m}}$ unterliegen somit keiner Transformation, da sie lediglich mit der Einheitsmatrix $\mathbf{I}$ multipliziert werden. Slave-Kräfte $\mathbf{F}_{\mathrm{s}}$ hingegen werden mit statischen und dynamischen Verschiebungsmoden zur modalen Kraft transformiert. Die Applikation verteilter Kräfte erfordert daher einen größeren Rechenaufwand als distinkte Kräfte an Hauptfreiheitsgraden. Anhand eines Biegebalkens, der als eindimensionaler N-Massen-Schwinger modelliert ist, wird der so entstehende Rechenaufwand mit der klassischen Methode verglichen.

3.2.2   Anwendung am N-Massen-Schwinger

Abbildung 3.8 zeigt den untersuchten Biegebalken, welcher durch die magnetische Anziehungskraft des unter ihm liegenden Magneten zur Schwingung angeregt wird. Der Magnet führt unterhalb der Massestücke harmonische Bewegungen in y-Richtung gemäß Abbildung 3.9 aus.

Zur Modellierung wird der Balken über N Einzelmassen m diskretisiert. Diese sind mittels Federn der Steifigkeit k verbunden. Sowohl die Magnetkraft als auch die Deformation des Balkens wird ausschließlich in x-Richtung betrachtet.

Die Systemgleichungen des diskretisierten Biegebalkens werden unter Annahme der folgenden Punkte aufgestellt:

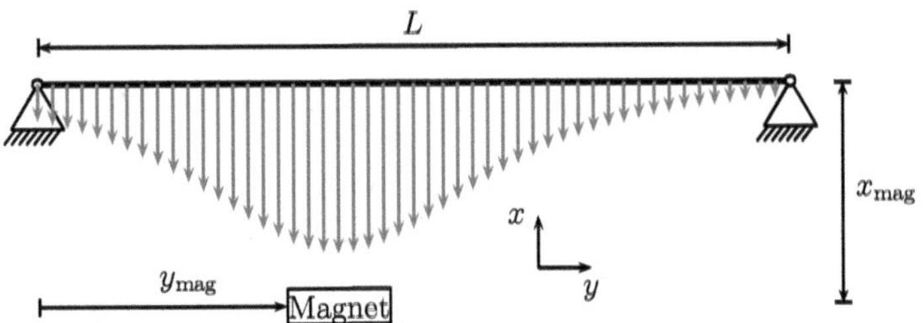

Abb. 3.8: Ungedämpfter Biegebalken der Länge L. Per Definition ist nur eine Bewegung in x-Richtung möglich. Der Balken wird mithilfe der magnetischen Anziehungskraft des sich im Abstand x_{mag} unterhalb des Balkens befindenden Magneten zur Schwingung angeregt. Die Kraftverteilung im momentanen Zustand ist mithilfe der grau eingefärbten Pfeile qualitativ dargestellt.

- Der Balken in Abbildung 3.8 kann einzig Bewegungen in x-Richtung ausführen.

- Mögliche elektromagnetische Wechselwirkungen innerhalb des Balkens werden vernachlässigt. Eine Interaktion findet ausschließlich mechanisch statt.

- Die magnetische Anziehungskraft wird auf folgende Abhängigkeit vom Masse-Magnet-Abstand r vereinfacht

$$\mathbf{F}_{\text{mag}} \sim \frac{1}{r^2} \, . \tag{3.10}$$

Die daraus ableitbare Kraftverteilung ist mithilfe grauer Pfeile in 3.8 skizziert.

- Sämtliche Umgebungseinflüsse werden mithilfe des nicht näher beschriebenen Parameters ξ abgebildet.

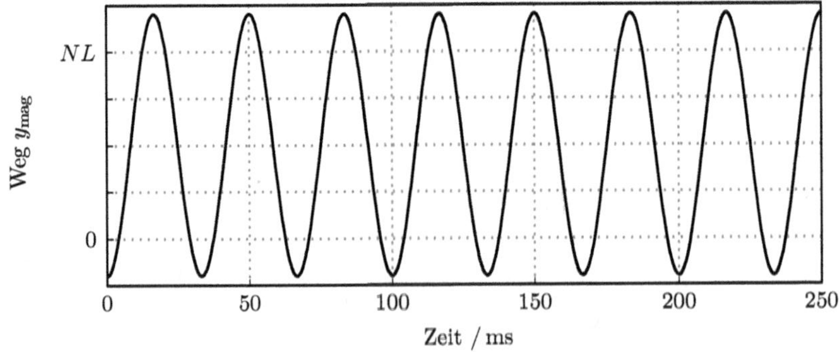

Abb. 3.9: Position y_{mag} des Magneten zur Anregung des Schwingungssystems in Abbildung 3.8.

Mit Einführung der magnetischen Kraft auf eine Punktmasse i

$$F_{i,\mathrm{mag}}(r_i, x_i) = \frac{\xi(x_{\mathrm{mag}} - x_i)}{r_i} \frac{1}{r_i^2} \tag{3.11}$$

kann in Abhängigkeit vom Masse-Magnet-Abstand

$$r_i(x_i, y_{\mathrm{mag}}) = \sqrt{(y_i - y_{\mathrm{mag}})^2 + (x_{\mathrm{mag}} + x_i)^2} \tag{3.12}$$

die Systemgleichung des diskretisierten Balkens aufgestellt werden

$$\mathbf{M\ddot{x}} + \mathbf{Kx} = \mathbf{F}_{\mathrm{mag}}(\mathbf{x}, y_{\mathrm{mag}}) . \tag{3.13}$$

3.2.3   Ergebnisse am N-Massen-Schwinger

Zur Diskretisierung des Systems wird stets eine ungerade Anzahl an Punktmassen verwendet. Somit ist eine Belegung des Punktes $y = L/2$ durch eine Punktmasse, welche im weiteren Verlauf mit dem Index „mid" gekennzeichnet wird, in jeder Konfiguration gewährleistet. Das wiederum bietet zwei Vorteile:

- Schwingungsverläufe können am mittleren Massestück einfach verglichen werden, da die Auswertung immer an einer identischen Position erfolgt.

- Am mittleren Massestück wird der größte Schwingweg erwartet. Somit sollte dieser Punkt von Rechenungenauigkeiten auch am stärksten betroffen sein.

Abbildung 3.10 zeigt den Schwingweg $x_{\mathrm{mid}} = x_{223}$ bei einer Konfiguration von $N = 445$ Punktmassen. Die magnetische Kraft auf das mittlere Massestück F_{233} ist ebenfalls dargestellt. Sie wirkt stets in negative x-Richtung, abhängig vom Masse-Magnet-Abstand. Die einzelnen Kraftspitzen haben einen Abstand von $\Delta t = 16.7\,\mathrm{ms}$, was der Frequenz der Magnetbewegung von $f = 30\,\mathrm{Hz}$ entspricht.

In Abbildung 3.11 werden die Ergebnisse aus nodalen und modalen Berechnungen hinsichtlich Berechnungszeit und Genauigkeit verglichen. Letztere wird mithilfe der Standardabweichung nach Gleichung (3.15) angegeben. Sie beschreibt die Abweichung des mittleren Massestücks im Vergleich zu einem idealen Verlauf

$$\Delta x_{\mathrm{mid}}(t) = x_{\mathrm{mid,calc}}(t) - x_{\mathrm{mid,ideal}}(t) \tag{3.14}$$

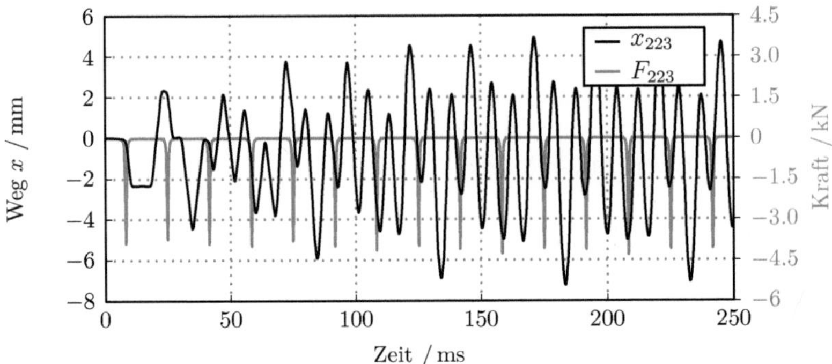

Abb. 3.10: Schwingung der mittleren Punktmasse in x-Richtung für eine Gesamt-
zahl von $N = 445$ Punktmassen.

über die gesamte Simulationsdauer t_sim, wobei die Abtastrate der Simulation F_s in allen Berechnungen gleich bleibt

$$s = \sqrt{\frac{1}{t_\mathrm{sim} - \frac{1}{F_\mathrm{s}}} \sum_{t=0}^{t_\mathrm{sim}} (\Delta x_\mathrm{mid}(t) - \overline{\Delta t_\mathrm{mid}})^2} \ . \tag{3.15}$$

Als Ideal und damit als Referenzwert $x_\mathrm{mid,ideal}(t)$ wird hierbei eine nodale Berechnung mit $N = 445$ Punktmassen angenommen.

Abbildung 3.11a zeigt den Verlauf der Standardabweichung über der Zahl der verwendeten Freiheitsgrade $N_\mathrm{DOF} = 5...445$. Letztere bezeichnen im

nodalen Raum die Anzahl verwendeter Punktmassen,

modalen Raum die Anzahl statischer und dynamischer Eigenvektoren. Die Anzahl der Punktmassen beträgt stets $N = 445$.

Bei nodaler Berechnung zeigt sich deutlich ein Abfall der Standardabweichung mit feiner werdender Diskretisierung. Die Kurve fällt gemäß

$$s \sim \frac{1}{\sqrt{N_\mathrm{DOF}}} \tag{3.16}$$

für $N_\mathrm{DOF} \geq 50$ ab. In dem Bereich darunter hat der Graph keine Aussagekraft, da die Verläufe zu stark voneinander abweichen.

Die Standardabweichung verläuft beim modalen Berechnungsansatz deutlich unterhalb der nodalen Berechnung. Sie hat einen Startwert von $s_\mu = 10^{-1}$ bei $N_\mathrm{DOF} = 5$ Frei-heitsgraden. Im Anschluss fällt die Kurve stark ab und verläuft ab etwa $N_\mathrm{DOF} = 100$

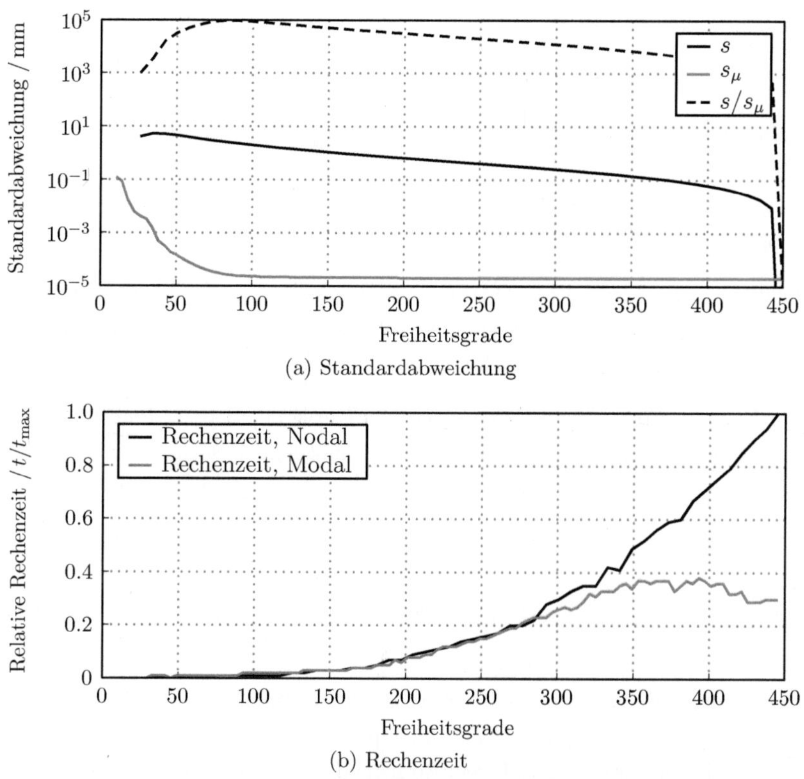

(a) Standardabweichung

(b) Rechenzeit

Abb. 3.11: Vergleich der Ergebnisse hinsichtlich Standardabweichung s in (a) und relativer Rechenzeit t/t_{max} in (b). In Abbildung (a) ist zusätzlich das Verhältnis der Standardabweichung s/s_μ bei nodaler und modaler Krafteinprägung eingezeichnet.

Freiheitsgraden nahezu waagerecht, bis sie bei $N_{\mathrm{DOF}} = 445$ einen Wert von

$$s_\mu = 2 \cdot 10^{-5}\,\mathrm{mm} \tag{3.17}$$

erreicht.

Zum einfacheren Vergleich ist in Abbildung 3.11a zusätzlich das Verhältnis der Standardabweichung bei den verschiedenen Berechnungsmethoden eingezeichnet. Man erkennt, dass bei einer tiefen Anzahl verwendeter Freiheitsgrade die Standardabweichung der modalen Berechnung um den Faktor 10^4 geringer ist. Das Verhältnis beider Abweichungen erreicht sein Maximum mit

$$\frac{s}{s_\mu} = 10^5 \, , \ N_{\mathrm{DOF}} = 90 \tag{3.18}$$

und nimmt anschließend ab. Erst ab einer Anzahl von $N_{\mathrm{DOF}} > 400$ Freiheitsgraden fällt $\frac{s}{s_\mu}$ unter $\frac{s}{s_\mu} < 10^3$. Das Ergebnis der nodalen Berechnung ist erst bei $N_{\mathrm{DOF}} > 445$ Punktmassen genauer, da hier der Referenzwert erreicht ist und die Standardabweichung per Definition $s = 0$ ist.

In Abbildung 3.11b zeigen beide Kurven zunächst einen exponentiellen Verlauf. In Anbetracht der oben genannten Einflussfaktoren auf die Genauigkeit kann der Verlauf beider Kurven für $N_{\mathrm{DOF}} < 280$ als identisch erachtet werden.

Ab etwa $N_{\mathrm{DOF}} > 280$ Freiheitsgraden weicht die Kurve bei modaler Berechnung deutlich von der exponentiellen Charakteristik ab. Eine mögliche Ursache ist die Zunahme an Genauigkeit. Vormals geringe Amplituden einiger modaler Koordinaten werden zu

$$q_i = 0 \, , \tag{3.19}$$

so dass sie im Rechenschritt nicht in die Berechnung einfließen, wodurch Iterationen beschleunigt werden.

Die Betrachtung von Abbildung 3.11a unter Berücksichtigung von Abbildung 3.11b zeigt, dass die Anwendung modaler Kräfte zur Implementation elektromagnetischer Kräfte deutlich genauere Ergebnisse bei geringerem Rechenaufwand liefert. Bei einer Standardabweichung von beispielsweise $s = 10^{-4}\,\mathrm{mm}$ bedarf die modale Formulierung nur 0.6% des Rechenaufwandes einer nodalen Formulierung, bei $s = 10^{-3}\,\mathrm{mm}$ sind es sogar nur 0.3%.

3.3   Implementation der Kräfte in ein Maschinenmodell

In Abschnitt 3.1 wurde die Formulierung elektromagnetischer Kräfte als zweidimensionale Fourierreihe eingeführt. Abschnitt 3.2 zeigte weiterhin eine Möglichkeit zur Integration verteilter Kräfte in ein flexibles Mehrkörpersimulationsmodell am theoretischen Beispiel auf. Im Folgenden werden beide Verfahren nach HENGER und SCHROTH [37] kombiniert angewandt, um elektromagnetische Kräfte in ein Modell einer permanenterregten Synchronmaschine zu integrieren.

3.3.1 Berechnung elektromagnetischer Kräfte im Luftspalt

Abbildung 3.12 zeigt Rotor (a) und Stator (b) des Hybridmotors im Querschnitt. Der magnetische Fluss des Stators wird über die Statorzähne in den Luftspalt geleitet. Die stromdurchflossenen Leiter, welche das Statorfeld erzeugen, liegen in den Nuten, sind jedoch nicht dargestellt.

Der Rotorfluss wird über Permanentmagnete erzeugt, welche in den in Abbildung 3.12a dargestellten Taschen eingebracht sind.

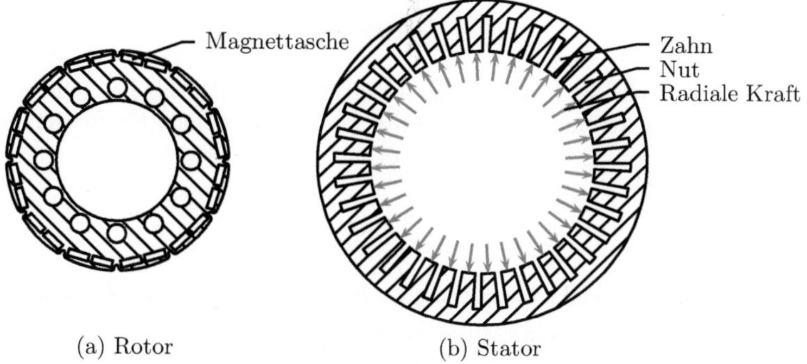

Abb. 3.12: Querschnitt von Rotor (a) und Stator (b). Die auf den Stator wirkenden radialen Kräfte werden auf die Oberfläche der Zähne projiziert und sind mit grauen Pfeilen dargestellt.

Magnetische Feldgrößen werden mithilfe der FEM in *Ansys Multiphysics* numerisch berechnet. Unter Anwendung des MAXWELL'sche Spannungstensors lassen sich daraus die Kräfte auf einer fiktiven Oberfläche im Luftspalt bestimmen. Als erste Annahme werden diese entlang ihrer Kraftrichtung auf die Oberfläche der Statorzähne projiziert. Sie sind in Abbildung 3.12b als graue Pfeile angedeutet. Weiterhin werden Kräfte, deren Projektion auf den Bereich zwischen den Zähnen zielt, vernachlässigt.

3.3.2 Modellierung des elastischen Mehrkörpersystems

Um die Ergebnisse der Simulation mit Messwerten vergleichen zu können, wird die elektrische Maschine auf einem Prüfstand modelliert. Dazu wird der gesamte Verbund bestehend aus Stator, Wicklung, Gehäuse und Prüfwinkel zu einer elastischen Substruktur zusammengefasst. Die Lager zur Abstützung des Rotors werden mithilfe von Modellen basierend auf der Arbeit von ÖST [59] abgestützt. Abbildung 3.13 zeigt das resultierende hybride MKS-Modell.

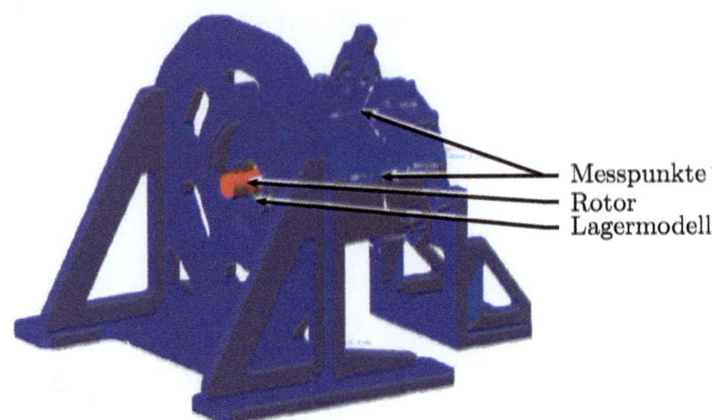

Abb. 3.13: Hybrides MKS-Modell der elektrischen Maschine auf einem Prüfstand.
Elektromagnetische Kräfte werden als modale Kräfte hinzugefügt.

3.3.3 Implementation der berechneten Kräfte

Die Implementation elektromagnetischer Kräfte erfolgt, wie in Abbildung 3.14 schematisch dargestellt, in vier Schritten. Begonnen wird mit der Bestimmung der relativen Winkellage zwischen Rotor und Stator β. Daraus wird im Anschluss mithilfe der zuvor hinterlegten Koeffizientenmatrix $\mathbf{Q}$ die Kraftverteilung entlang der Statoroberfläche berechnet. Diese wird in den modalen Raum transformiert und dem MKS-Programm zurückgegeben. Die beiden letzteren Rechenschritte werden mithilfe von Subroutinen durchgeführt. Das Gleichungssystem, inklusive modaler Kräfte, wird im Anschluss gelöst, der Winkel β zurückgeführt und ein neuer Iterationsschritt durchgeführt.

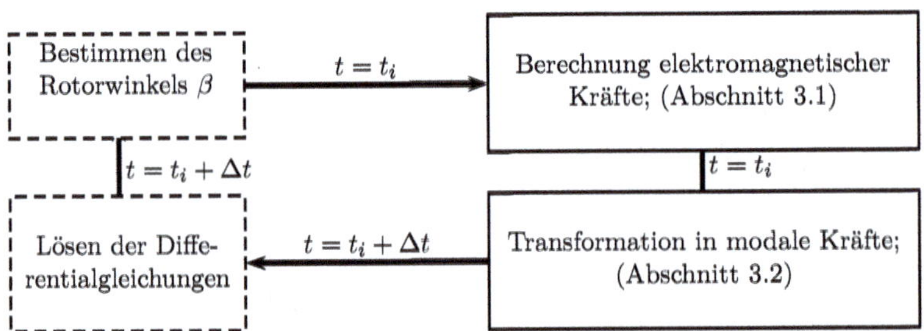

Abb. 3.14: Iterationsschema des Solvers zur Implementation elektromagnetischer
Kräfte in ein elastisches MKS-Modell. Rechtecke mit gestrichelter Umrandung repräsentieren vom MKS-Tool direkt berechnete Angaben. Inhalte durchgezogener Rechtecke werden durch Subroutinen berechnet.

3.3.4   Prüfaufbau

Der Prüfaufbau zur Messung von Oberflächenschwingungen am Gehäuse ist in Abbildung 3.15 dargestellt. Um einen maximalen Einfluss elektromagnetischer Kräfte auf die Dynamik der Maschine zu erzielen wird auch hier der Betriebspunkt maximalen Drehmoments mit $M = 250\,\mathrm{Nm}$ bei einer Drehzahl von $n = 1000\,\mathrm{min}^{-1}$ eingestellt. Das Drehmoment wird über eine Lastmaschine gestellt, welche mittels einer elastischen Kupplung am Rotor angekuppelt ist.

Abb. 3.15: Versuchsaufbau zur Messung elektromagnetisch erregter Schwingungen an der Gehäuseoberfläche.

Am Umfang des Hybridmotors sind piezoelektrische Beschleunigungssensoren in einem Winkel von 30°, 80°, 190° und 235° aufgeklebt. Sie sind in axialer Richtung mittig vom Stator angeordnet, da hier die größte Beeinflussung erwartet wird.

Am oberen Ende der Maschine sind in Abbildung 3.15 zwei angeschlossene Kühlschläuche erkennbar. Sie dienen der Zu- und Abfuhr des Kühlmittels. Die Temperatur des eingebrachten Fluids beträgt 40° C.

3.3.5 Vergleich von Messung und Berechnung

Abbildung 3.16 zeigt sowohl den gemessenen als auch den berechneten Verlauf der Schwingung an der Gehäuseoberfläche exemplarisch für einen Sensor. Der Absolutwert der gemessenen Beschleunigungsamplitude $\hat{\ddot{x}}_{\mathrm{rad,exp}}$ beträgt dabei etwas weniger als die Hälfte des berechneten

$$\hat{\ddot{x}}_{\mathrm{rad,exp}} < \frac{\hat{\ddot{x}}_{\mathrm{rad,sim}}}{2} \, . \tag{3.20}$$

Beide Verläufe zeigen eine ähnliche Tendenz. Abweichungen treten insbesondere aufgrund höherfrequenter Schwingungen auf, welche den Messwerten überlagert sind.

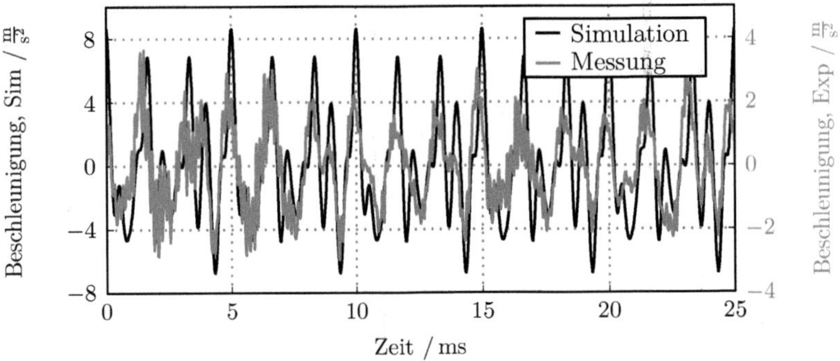

Abb. 3.16: Vergleich von Messung und Simulation für Sensor 3. Dieser ist in einem Winkel von 190° an der Gehäuseoberfläche befestigt.

Zur genaueren Betrachtung der harmonischen Bestandteile der Oberflächenschwingung werden ihre Amplitudenspektren in Abbildung 3.17 und Abbildung 3.18 aufgetragen. Anstelle der Frequenz enthält die Abszisse Vielfache der Rotationsfrequenz f_{rot}

$$N_{\mathrm{rot}} = \frac{f}{f_{\mathrm{rot}}} \, . \tag{3.21}$$

Ebenso wie in Abbildung 3.16 treten auch in Abbildung 3.17 und Abbildung 3.18 die Amplituden der Simulation deutlicher hervor als bei der Messung. Sie sind daher mithilfe einer zweiten Achse aufgetragen, um den relativen Zusammenhang zu verdeutlichen.

Für die weitere Diskussion wird beispielhaft das Spektrum von Sensor 3 in Abbildung 3.18a diskutiert. Im Bereich tieferer Ordnungen $N_{\mathrm{rot}} \leq 48$ liefert die Simulation deutlich hervortretende Peaks, wohingegen das Spektrum der Messwerte noch eine Vielzahl weiterer Ordnungen beinhaltet. Diese treten ebenfalls als ganzzahlige Vielfache der Rotationsfrequenz auf. Gleichzeitig weisen signifikant auftretende Amplituden (beispiels-

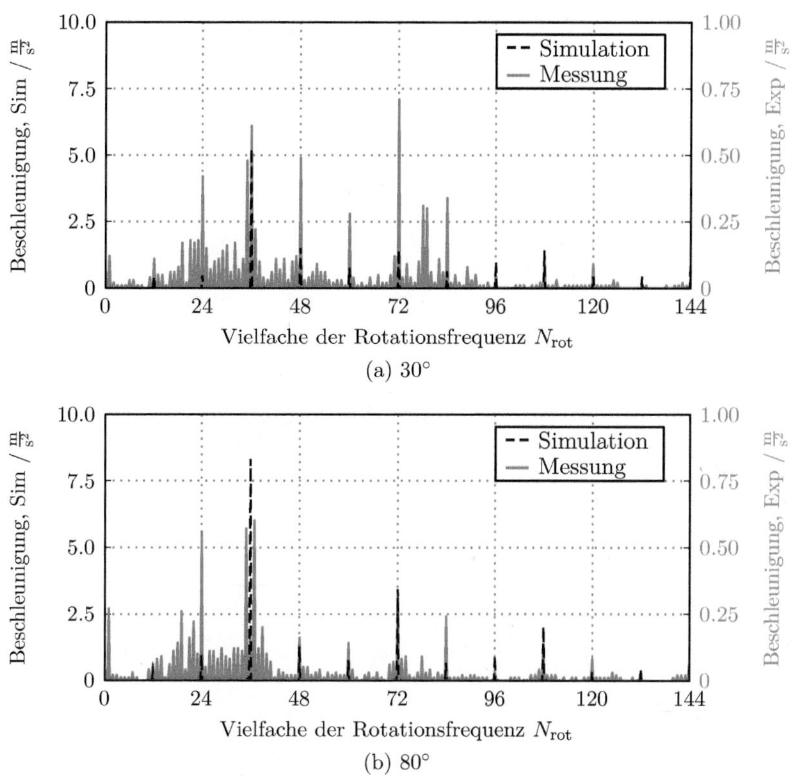

Abb. 3.17: Vergleich von Messung und Simulation im Frequenzbereich: (a) Sensor 1, 30°, (b) Sensor 2, 80°

weise bei $N_{\mathrm{rot}} = 12, 24, 36, 48$) benachbarte Ordnungen auf, die ebenfalls deutlich ausgeprägt sind.

Ordnung 36 und 72 treten in der Messung am stärksten hervor. Ihr Amplitudenverhältnis weicht im Vergleich zur Simulation um weniger als 10 % ab

$$\frac{\hat{\hat{x}}_{\mathrm{exp}}(36)/\hat{\hat{x}}_{\mathrm{exp}}(72)}{\hat{\hat{x}}_{\mathrm{sim}}(36)/\hat{\hat{x}}_{\mathrm{sim}}(72)} < 110\% \,. \tag{3.22}$$

Ordnung 48, 60 und 84 zeigen ebenfalls eine gute relative Übereinstimmung, erneut mit einer Abweichung im Amplitudenverhältnis von weniger als 10 %.

Ordnung 24 weist als einzige eine geringere Amplitude im berechneten Beschleunigungsverlauf im Vergleich zum gemessenen auf. Sie ist um den Faktor 2 kleiner.

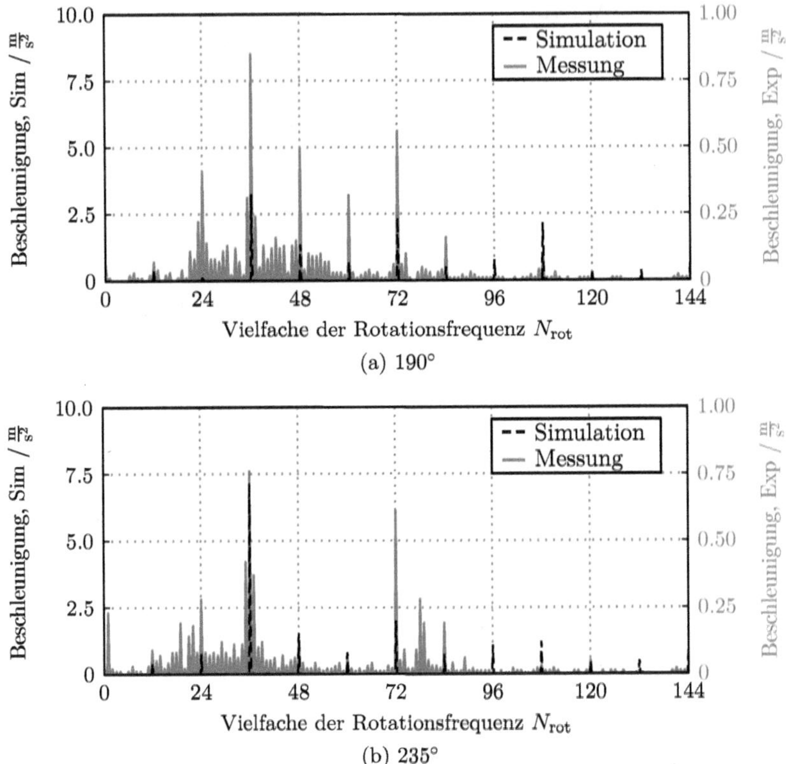

(a) 190°

(b) 235°

Abb. 3.18: Vergleich von Messung und Simulation im Frequenzbereich: (a) Sensor 3, 190°, (b) Sensor 4, 235°

Ordnung 108 tritt in beiden Verläufen auf. Die Absolutwerte der Amplituden zeigen allerdings eine Abweichung von mehr als 2000 %.

Ordnung 96, 120, 132 und 144 sind nur im berechneten Verlauf erkennbar, nicht aber im gemessenen.

Die oben beschriebenen Abweichungen können hauptsächlich drei Ursachen zugeschrieben werden:

1. Das Gehäuse der elektrischen Maschine ist mit einem Wassermantel ausgestattet, welcher der Dissipation von Wärme dient. Das fluide Medium beeinflusst die Dynamik der Maschine, da es eine nicht näher spezifizierte Dämpfung induziert. Das MKS-Modell beinhaltet diese Dämpfungseffekte nicht. Stattdessen wird eine konstante, modale Dämpfung nach RAYLEIGH angenommen.

2. Die zur Einstellung des Drehmoments verwendete Lastmaschine induziert ebenfalls Schwingungen über den Rotor in die Maschine. Der Einfluss wird mithilfe einer elastischen Kupplung zwar gemindert, muss aber dennoch berücksichtigt werden, wie Abbildung 3.19 verdeutlicht. Sie zeigt die Amplitudenspektren zweier gemessener Schwingungen mit an- und abgekuppelter Lastmaschine im Leerlauf.

   Bei abgekuppelter Lastmaschine treten einzelne Ordnungen deutlich stärker hervor. Im betrachteten Fall ist Ordnung 36 dominant. Zusätzlich treten auch Ordnungen 48 und 108 auf, diese sind jedoch in ihrer Amplitude um den Faktor 9.5 kleiner. Ist die Lastmaschine angekuppelt zeigen sich zum einen deutlich mehr Schwingungen im tieffrequenten Bereich, zum andern nehmen die Amplituden aller Ordnungen deutlich ab. Insbesondere Ordnung 36 ist hiervon betroffen.

3. Der Rotor realer elektrischer Maschinen läuft nicht, wie für die Berechnung der Kräfte angenommen, zentrisch. Bedingt durch Fertigungstoleranzen und radiales Lagerspiel stellt sich eine exzentrische Rotationsachse ein. Diese Tatsache ist nach ZHENG [87] verantwortlich für das Entstehen zusätzlicher Ordnungen, welche nicht als Vielfache der Polzahl auftreten.

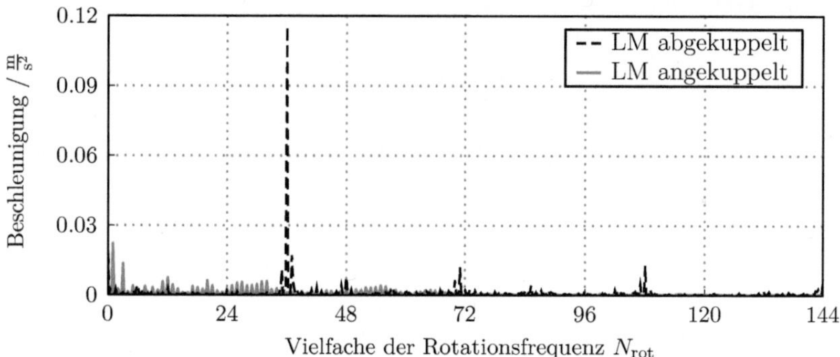

Abb. 3.19: Vergleich der Schwingungen mit an- und abgekoppelter Lastmaschine (LM)

3.4 Ergebnis

In diesem Kapitel wurde eine Methode vorgestellt, welche eine Berücksichtigung elektromagnetischer Kräfte in einem elastischen Mehrkörpermodell ermöglicht. Ein Vergleich mit Messwerten in Abschnitt 3.3.5 zeigt nur eine geringe Abweichung für Ordnungen $N_{\mathrm{rot}} < 96$ auf und ermöglicht damit eine für diese Arbeit ausreichend genaue Beschreibung. Abweichungen können der dämpfenden Wirkung des Kühlmantels und insbesondere dem Einfluss der Lastmaschine zugeschrieben werden.

Nach Abbildungen 3.16, 3.17 und 3.18 treten Schwingungen mit einer Beschleunigung von

$$\ddot{x} < 9\,\frac{\mathrm{m}}{\mathrm{s}^2} \tag{3.23}$$

auf, wobei der Anteil von Schwingungen höherer Ordnungen $N_{\mathrm{rot}} \geq 24$ überwiegt. Der zu erwartende Schwingweg des Gehäuses liegt somit, aufgrund der Beziehung

$$\hat{x} \sim \frac{\hat{\ddot{x}}}{\omega^2} \tag{3.24}$$

von Schwingbeschleunigung zu Schwingweg, bei

$$\hat{x} \leq \frac{9\,\frac{\mathrm{m}}{\mathrm{s}^2}}{(2513.3\,\frac{1}{\mathrm{s}})^2} = 3.6\,\mu\mathrm{m}\,. \tag{3.25}$$

Eine Bewertung der resultierenden Beanspruchung im Hinblick auf eine Berücksichtigung im Beanspruchungskollektiv erfolgt in Kapitel 6.

4 Rotor-Lager-Schwingungen

Elektrische Maschinen bestehen aus einer stehenden und einer sich relativ dazu bewegenden Komponente. Im Falle einer rotierenden, elektrischen Maschine wird die Relativbewegung über eine rotatorische Bewegung des Rotors im Stator generiert.

Mechanische Leistung, in Form von Drehmoment und Drehzahl, wird mit Hilfe des interagierenden Rotor- und Statorfeldes im Luftspalt erzeugt, vgl. Kapitel 3. Eine mechanische Kraftübertragung, welche zur Abstützung des Rotors in seiner zentrischen Position sowohl in radialer als auch axialer Richtung dient, findet über Lager statt. Die häufigste Bauform greift dabei auf Wälzlager mit kugelförmigen Wälzkörpern zurück, welche neben einem großen Arbeitsbereich hinsichtlich Kraftübertragung und Drehzahl auch durch geringe Beschaffungskosten gekennzeichnet sind.

Ein derart gelagerter Rotor stellt nach mehreren Gesichtspunkten ein schwingfähiges System dar:

Biegeschwingungen: Die Durchbiegung des Rotors zwischen oder außerhalb seiner Lagerstellen wird bei einer Modalanalyse als Schwingform identifiziert. Die Unwucht des Rotors regt diese Schwingform an. Analog zum Einmassenschwinger ist auch hier der Fall kritisch, in dem die Anregungsfrequenz mit der Eigenfrequenz übereinstimmt. Die Drehzahl, bei der dieser Fall eintritt, wird als „biegekritische Drehzahl" bezeichnet.

Die Steifigkeit der Lagerung ist nach GASCH, NORDMANN und PFÜTZNER [24] in diesem Anwendungsfall vernachlässigbar, vorausgesetzt sie ist um mehr als eine Zehnerpotenz größer als die der Welle.

Transversalschwingungen: Der Rotor führt in der Lagerung radiale und/oder axiale Starrkörperbewegungen aus. Die potentielle Energie der Schwingung wird dabei durch die Wälzlagerung aufgenommen.

Der Rotor der in dieser Arbeit betrachteten elektrische Maschine weist bei einer Masse von $m = 11.2\,\mathrm{kg}$ eine hohe radiale Steifigkeit auf. Seine mittels numerischer Modalanalyse berechnete Biegeeigenfrequenz f_{BK} beträgt

$$f_{\mathrm{BK}} > 2000\,\mathrm{Hz}\,. \tag{4.1}$$

Wird der Rotor vereinfacht als zylindrischer Körper konstanten Radius angenommen, so beträgt seine radiale Steifigkeit nach KÜNNE [47]

$$k_{\mathrm{Rotor}} = (2\pi f_{\mathrm{BK}}60)^2 m > 6.3 \cdot 10^{12}\,\frac{\mathrm{N}}{\mathrm{m}}\,, \tag{4.2}$$

welche die radiale Steifigkeit des Kugellagers um mehrere Zehnerpotenzen übersteigt.

Für einen relevanten Drehzahlbereich von

$$n \leq 7500\,\mathrm{min}^{-1} \tag{4.3}$$

kann der Rotor somit als starr angenommen und das Auftreten von Biegeschwingungen vernachlässigt werden. Für mögliche Rotor-Lager-Schwingungen verbleiben somit lediglich Transversalschwingungen des Rotors.

Das Auftreten radialer Rotor-Lager Schwingungen wurde bereits in Veröffentlichungen von VILLA[84] und BAI [4] untersucht. VILLA verwendet hierfür einen Rotor mit 50 kg, BAI einen mit 0.1569 kg. Angeregt wurden die Schwingungen in beiden Arbeiten durch Unwuchtkräfte. Multidisziplinäre Kräfte, wie z.B. elektromagnetische Kräfte wurden hingegen bei beiden Veröffentlichungen vernachlässigt.

Das Auftreten derartiger Rotor-Lager Schwingungen wird im Hybridmotor vernachlässigt. Zum einen sind die Drehzahlen der elektrischen Maschine mit maximal $7500\,\mathrm{min}^{-1}$ zu gering um einen möglichen radialen Resonanzbereich von Kugellager oder Lagerschild zu erreichen. Zum anderen wird die Ausprägung einer nichtlinearen, radialen Schwingung durch elektromagnetische Kräfte beeinflusst, da sie sich der harmonischen Anregung einer Unwucht überlagern und somit die Einstellung einer nichtlinearen Resonanz behindern. Aus diesem Grund zeigten die Messwerte aus Kapitel 3 keinerlei Hinweise auf radiale Rotor-Lager Schwingungen.

Axiale Transversalschwingungen werden im Stand der Technik größtenteils vernachlässigt. In den Arbeiten von WENSING [85] und ÖST [59] werden diese angesprochen und im letzteren Fall über eine VAN-DER-POL'sche Gleichung angenähert, ohne diese jedoch weiter zu diskutieren. HENGER und SCHROTH [38] zeigen einen Ansatz, axiale Rotor-Lager-

Schwingungen anhand eines Einmassenschwingers mit Hilfe der harmonischen Balance-Methode zu untersuchen.

Die Möglichkeit des Auftretens axialer Transversalschwingungen im Elektromotor für Hybridfahrzeuge wird zunächst an einem einfachen Modell abgeschätzt. Dieses erfordert lediglich die Betrachtung der axialen Raumrichtung, wie folgende Vorüberlegung zeigt:

Die Transversalschwingungen des Rotors hängen maßgeblich von dessen Masse sowie den Steifigkeiten von Lager und Lagerträger ab.

Lagerträger Der Lagerträger kann dabei annähernd als allseitig eingespannte, runde Platte verstanden werden. Entsprechend weist er eine sehr hohe Steifigkeit in radialer Richtung auf. Die axiale Steifigkeit, welche dem Durchbiegen oder Pumpen der Platte entgegen wirkt, ist hingegen deutlich geringer.

Wälzlager Auch im Falle des Wälzlagers unterscheidet sich die Steifigkeit in radialer und axialer Raumrichtungen deutlich und geht auf zwei Ursachen zurück, welche anhand von Abbildung 4.1 erklärbar sind:

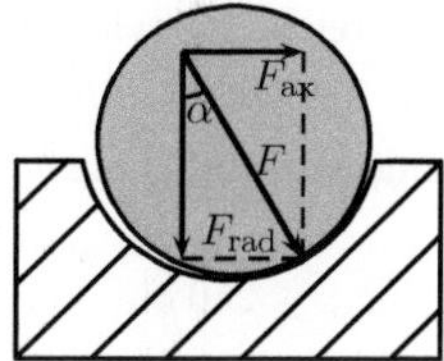

Abb. 4.1: Radiale und axiale Komponente der Steifigkeit im Wälzlager

1. Die Kraftübertragung zwischen Innen- und Außenring findet am Wälzkörper-Laufbahn Kontakt statt. Axiale und radiale Komponente F_{ax} und F_{rad} entsprechen insofern der jeweiligen Raumrichtung des Kraftvektors F. Mit Einführung eines Kontaktwinkels α betragen axiale und radiale Kraft demnach:

$$F_{\mathrm{ax}} = F \sin \alpha \tag{4.4}$$

$$F_{\mathrm{rad}} = F \cos \alpha\,. \tag{4.5}$$

   Für kleine Winkel $\alpha < 45°$ ist demnach aufgrund der geometrischen Beziehung erkennbar, dass der Kraftanteil in axialer Richtung deutlich geringer ist.

2. In radialer Richtung wird die Deformation des Kugellagers von der Kompression des Wälzkörper-Laufbahn Kontaktes dominiert. In axialer Richtung hingegen ist neben dieser Deformation zusätzlich ein Verschieben von Innen- zu Außenring erkennbar, welches durch die neue Position der Wälzkörper bestimmt

ist. So kann der Innenring eines unbelastetes Lagers beispielsweise zunächst nur mit geringem Kraftaufwand in axiale Richtung bewegt werden, da es weder zu einer Deformation der Körper, noch zur Kompression des Wälzkörper-Laufbahn Kontaktes kommt, sondern lediglich zu einem veränderten Kontaktwinkel α.

Zusammenfassend weisen Kugellager, aufgrund des Kontaktwinkels α, eine deutlich größere Deformation in axialer Richtung auf. Entsprechend ist ihre Steifigkeit in axialer Richtung k_{ax} deutlich geringer als in radialer Richtung

$$\frac{\mathrm{d}F_{ax}}{\mathrm{d}x_{ax}} << \frac{\mathrm{d}F_{rad}}{\mathrm{d}x_{rad}} \tag{4.6}$$

$$k_{ax} << k_{rad} \,. \tag{4.7}$$

Als Ergebnis dieser Vorüberlegung wird die radiale Steifigkeit für die Betrachtung axialer Transversalschwingungen vernachlässigt.

Mit der axialen Lagerkennlinie aus Abbildung 4.2a und dem mechanischen Ersatzmodell aus Abbildung 4.2b lässt sich der Bereich, in welchem axiale Transversalschwingungen auftreten können, für ein Lager vom Typ *6207-2SR* angeben. Die maximale Amplitude des Schwingweges in axialer Richtung wird dabei eingegrenzt

$$\hat{x}_{ax} \leq 250 \,\mu\mathrm{m}\,. \tag{4.8}$$

Aufgrund der wegabhängigen Steifigkeit kann eine eindeutige Resonanzfrequenz nicht angegeben werden, stattdessen wird eine Zone eingegrenzt, in welcher Resonanzphänomene des nichtlinearen Einmassenschwingers auftreten können

$$f_{eig,a} = \sqrt{\frac{k(\hat{x}_{ax} = 0...250\mu m)}{2m}} = 0...881 \,\mathrm{Hz}\,. \tag{4.9}$$

Im Falle des Elektromotors für Hybridfahrzeuge liegt der angeregte Frequenzbereich nach DIN ISO 16750 [42] bei $f = 0...2000\,\mathrm{Hz}$ und deckt somit die gesamte Resonanzzone axialer Schwingungen nach Gleichung (4.9) ab. Weiterhin setzt die Norm kontinuierlich ansteigende Frequenzen an, welche die Anregung nichtlinearer Schwingungen zusätzlich begünstigen, wie im weiteren Verlauf gezeigt wird.

Das Phänomen nichtlinearer Rotor-Lager-Schwingungen in axialer Richtung wird daher in diesem Kapitel näher beschrieben und die Diskussion des Einflusses auf das Beanspruchungskollektiv in Kapitel 6 ermöglicht.

Die Modellbildung als Grundlage der weiteren Untersuchungen wird in Abschnitt 4.1 vor-

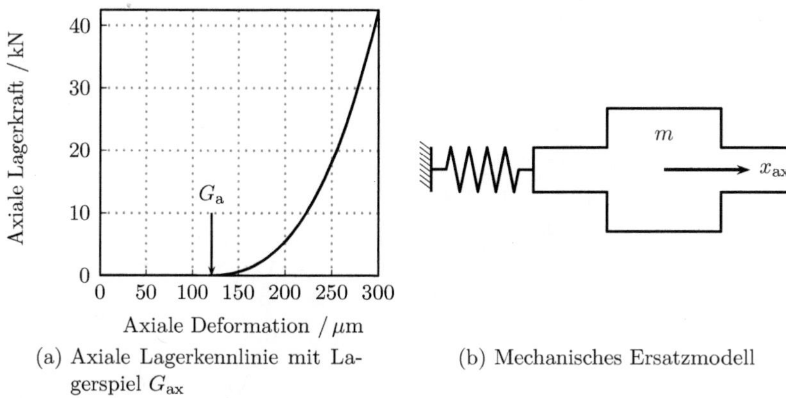

(a) Axiale Lagerkennlinie mit La-   (b) Mechanisches Ersatzmodell
gerspiel G_ax

Abb. 4.2: Axiale Transversalschwingungen in Rotor-Lager-Systemen: (a) Lagerkennlinie, (b) Mechanisches Ersatzmodell

gestellt. Die daraus entwickelten Differentialgleichungen werden in 4.2 mithilfe der Methode der *Harmonischen* (HBM), bzw. *Höher-* oder *Multiharmonischen Balance* (HHBM) im
Frequenzbereich gelöst. Die Alternative einer transienten Berechnung wird in 4.3 vorgestellt und mit den Verfahren aus 4.2 verglichen. Ein Vergleich der so berechneten Schwingungen des Lagerträgers mit gemessenen Beschleunigungen in 4.4 ermöglicht das Ableiten
offener Berechnungsparameter sowie eine Validation der Methode. Die Ergebnisse des Kapitels werden in 4.5 zusammengefasst.

4.1 Modellbildung des Rotor-Lager-Systems

Um das Phänomen axialer Rotor-Lager-Schwingungen näher betrachten zu können, wird
die Maschine zunächst in einem mechanischen Modell abstrahiert, welches auf dem in
Abbildung 4.3 dargestellten Elektromotor eines Hybridantriebs basiert.

Der Rotor ist mithilfe zweier Lager vom Typ *6207-2SR* im Gehäuse der Maschine abgestützt. Das in Abbildung 4.3 erkennbare Festlager überträgt nicht nur radiale, sondern
auch axiale Kräfte. Im Gegensatz dazu kann der Außenring des gegenüberliegenden Los-
lagers, welches in der Darstellung verdeckt ist, axial in der Lagerbohrung gleiten - es ist
somit bei der Betrachtung axialer Schwingungen vernachlässigbar.

Entsprechend dieser Annahmen besteht das System aus drei Hauptkomponenten:

Rotor (Index R)**:** Dieser umfasst alle rotierenden Teile, welche kraft- oder formschlüssig

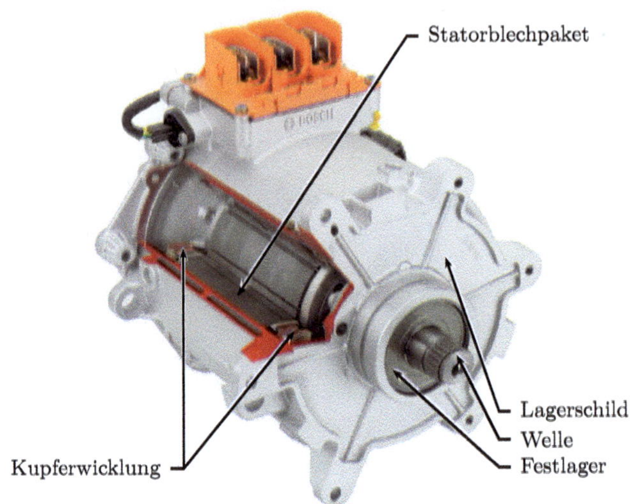

Abb. 4.3: Abbildung des Elektromotors eines Hybridantriebs

verbunden sind. Die Gesamtmasse des Verbundes beträgt $m_\mathrm{R} = 11.2\,\mathrm{kg}$.

Lager (Index: bear**):** Das Festlager vom Typ *6207-2SR* überträgt axiale Kräfte zwischen Rotor und Gehäuse. Die Kraft zwischen Innen- und Außenring steht nach Abbildung 4.2a in einer nichtlinearen Beziehung zur Deformation.

Die Dämpfung des Lagers setzt sich aus zwei Anteilen zusammen:

- Abbildung 4.4a und 4.4c zeigen den Fall eines Wälzkörper-Laufbahn Kontaktes im Falle einer positiven sowie einer negativen Verschiebung der inneren Laufbahn um δ_ax. Hierbei tritt eine Dämpfung des trockenen Kontaktes zwischen Kugel und Laufbahn auf, welche nach DIETL [15] über einen Dämpfungskoeffizienten $d_\mathrm{bear,dry}$ ausgedrückt wird, welcher proportional zur Steifigkeit des Wälzlagers $k_\mathrm{bear}(x_\mathrm{ax})$ ist

$$d_\mathrm{bear,dry} \propto k_\mathrm{bear}(x_\mathrm{ax})\,. \tag{4.10}$$

- Das Schmiermedium des Kugellagers verursacht ebenfalls eine Dämpfungskraft innerhalb des Kugellagers. DIETL gibt als Näherungsgleichung hierfür eine Potenzfunktion an, welche die Lagerinnengeometrie, die Schmier- und Werkstoffeigenschaften sowie die Drehfrequenz des Lagers berücksichtigt. Da diese Eingangsparameter bei der Untersuchung axialer Transversalschwingungen des Rotors konstant belassen werden, kann die Dämpfung des Schmiermediums über einen konstanten Parameter $d_{\text{bear,vis}}$ der Dämpfung des trockenen Kontakts hinzugefügt werden. Sie wirkt im Gegensatz zur trockenen Dämpfung $d_{\text{bear,dry}}$ unabhängig von der Steifigkeit des Kugellagers.

Als Ergebnis obiger Vorüberlegungen kann das Dämpfungsverhalten aus der Überlagerung eines lastproportionalen Dämpfungsfaktors $d_{\text{bear,dry}}$ und einer permanent wirkenden viskosen Dämpfung des Schmierfilms $d_{\text{bear,vis}}$ berechnet werden.

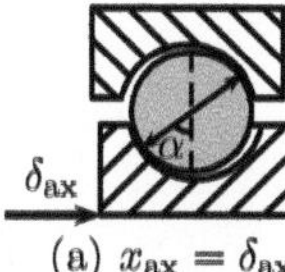
(a) $x_{\text{ax}} = \delta_{\text{ax}}$

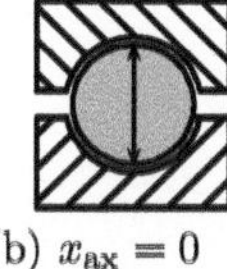
(b) $x_{\text{ax}} = 0$

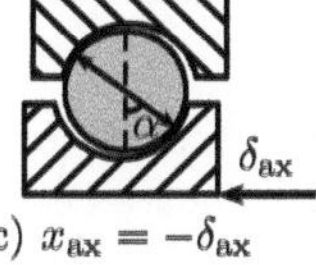
(c) $x_{\text{ax}} = -\delta_{\text{ax}}$

Abb. 4.4: Kontaktwinkel α in Abhängigkeit von einer axialer Verschiebung der inneren Laufbahn δ_{ax}

Lagerträger/Lagerschild (Index: LS): Die Lagerbohrung des Festlagers ist in einem Lagerschild eingebettet. Es stellt die Verbindung zum Gehäuse dar und ist in Abbildung 4.3 mithilfe von sechs Rippen verstärkt, welche die axiale Steifigkeit k_{LS} erhöhen. Sie kann durch statische Analyse mithilfe von FE-Simulationen errechnet werden.

Die Modalanalyse des Lagerschildes zeigt die erste axiale Eigenschwingung des Lagerschildes bei $f_{\text{LS}} = 2640\,\text{Hz}$. Unter Anwendung der Beziehung

$$\omega_{\text{LS}} = \sqrt{\frac{k_{\text{LS}}}{m_{\text{LS}}}} \tag{4.11}$$

für die Eigenkreisfrequenz des ungedämpften Einmassenschwingers leitet sich daraus eine repräsentative axial schwingende Masse des Lagerschildes m_{LS} ab.

Das Ersatzschaltbild, bestehend aus den oben aufgeführten Hauptkomponenten, ist in Abbildung 4.5 dargestellt.

Die zugehörige Schwingungsgleichung ergibt sich zu:

$$\begin{bmatrix} m_{\text{LS}} & 0 \\ 0 & m_{\text{R}} \end{bmatrix} \ddot{\mathbf{x}} + \begin{bmatrix} d_{\text{LS}} & 0 \\ 0 & 0 \end{bmatrix} \dot{\mathbf{x}} + \begin{bmatrix} k_{\text{LS}} & 0 \\ 0 & 0 \end{bmatrix} \mathbf{x} + \begin{bmatrix} F_{\text{k}} + F_{\text{d}} \\ -F_{\text{k}} - F_{\text{d}} \end{bmatrix} = \begin{bmatrix} d_{\text{LS}}\dot{u} + k_{\text{LS}}u \\ 0 \end{bmatrix} \tag{4.12}$$

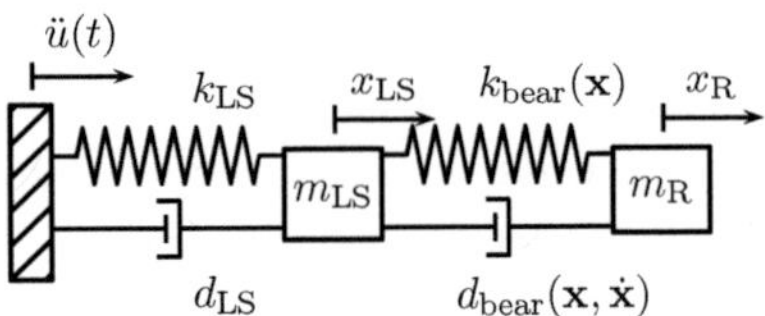

Abb. 4.5: Mechanisches Ersatzmodell in axialer Richtung der elektrischen Maschine aus Abbildung 4.3

m Schwingende Masse von Lagerschild (LS) und Rotor (R),

d_{LS} Dämpfung des Lagerschildes,

k_{LS} Steifigkeit des Lagerschildes,

F_{k} Nichtlineare Federkraft des Lagers,

F_{d} Nichtlineare Dämpfungskraft des Lagers,

u Bewegung des Fußpunktes. Seiner Geschwindigkeit bzw. Beschleunigung sind $\dot{u}$ und $\ddot{u}$ zugeordnet,

$\mathbf{x}$ Verschiebungsvektor von Lagerschild und Rotor $\mathbf{x} = \begin{bmatrix} x_{\mathrm{LS}} & x_{\mathrm{R}} \end{bmatrix}^{\mathrm{T}}$. Seiner Geschwindigkeit bzw. Beschleunigung sind $\dot{\mathbf{x}}$ und $\ddot{\mathbf{x}}$ zugeordnet.

Für die nichtlineare Feder- und Dämpfungskraft des Lagers $F_{\mathrm{k}}(\mathbf{x})$ und $F_{\mathrm{d}}(\mathbf{x},\dot{\mathbf{x}})$ gilt weiterhin eine Weg- und Geschwindigkeitsabhängigkeit

$$F_{\mathrm{k}} = f(x_{\mathrm{R}} - x_{\mathrm{LS}}) \tag{4.13}$$

$$F_{\mathrm{d}} = f(x_{\mathrm{R}} - x_{\mathrm{LS}}, \dot{x}_{\mathrm{R}} - \dot{x}_{\mathrm{LS}}) \, . \tag{4.14}$$

Mit Einführung der Substitutionen z und q

$$z = x_{\mathrm{LS}} - u \tag{4.15}$$

$$q = x_{\mathrm{R}} - x_{\mathrm{LS}} \tag{4.16}$$

lässt sich Gleichung (4.12) in eine Schreibweise überführen, welche die Fußpunktbewegung nur noch in ihrer Beschleunigung $\ddot{u}$ berücksichtigt

$$\begin{bmatrix} m_{\mathrm{LS}} & 0 \\ m_{\mathrm{R}} & m_{\mathrm{R}} \end{bmatrix} \begin{bmatrix} \ddot{z} \\ \ddot{q} \end{bmatrix} + \begin{bmatrix} d_{\mathrm{LS}} & 0 \\ 0 & 0 \end{bmatrix} \begin{bmatrix} \dot{z} \\ \dot{q} \end{bmatrix} + \begin{bmatrix} k_{\mathrm{LS}} & 0 \\ 0 & 0 \end{bmatrix} \begin{bmatrix} z \\ q \end{bmatrix} + \begin{bmatrix} F_{\mathrm{k}} + F_{\mathrm{d}} \\ -F_{\mathrm{k}} - F_{\mathrm{d}} \end{bmatrix} = \begin{bmatrix} -m_{\mathrm{LS}} \\ -m_{\mathrm{R}} \end{bmatrix} \ddot{u} \, . \tag{4.17}$$

Diese grundlegende Gleichung der in diesem Kapitel behandelten axialen Rotor-Lager-Schwingungen wird im Folgenden mit Hilfe verschiedener Verfahren gelöst.

4.2 Lösen der Systemgleichung im Frequenzbereich

In diesem Kapitel wird die harmonische und höher harmonische Balance-Methode angewandt, um eine Näherungslösung der Differentialgleichung im Frequenzbereich zu entwickeln. Beide Verfahren setzen nach STARK [77] die Existenz einer Dauerschwingung als gegeben voraus und nähern diese durch harmonische Schwingung an. Die höher harmonische Balance ist, getreu der Namensgebung, eine Erweiterung der harmonischen Balance und berücksichtigt zusätzlich zur Grundschwingung auch höhere Ordnungen. Unter der Annahme, dass das nichtlineare Übertragungsverhalten des Lagers superharmonische Schwingungen stark anregt, kann von einer höheren Genauigkeit im erweiterten Verfahren ausgegangen werden. Die Methode der harmonischen Balance in Abschnitt 4.2.1 steht daher nicht unter der Prämisse einer genauen Lösung, sondern vielmehr der Entwicklung einer analytischen Näherungsgleichung, welche das Erfassen grundlegender Zusammenhänge ermöglicht.

4.2.1 Harmonische Balance-Methode

Mit der Zielsetzung einer einfachen Näherungsgleichung werden neben der Vernachlässigung superharmonischen Schwingungsanteilen weitere Vereinfachungen getroffen. So wird angenommen,

- dass die Eigenfrequenz des Lagerschildes deutlich über der Eigenfrequenz der Rotor-Lager-Schwingung liegt. Das Lagerschild wird daher als starr betrachtet und es gilt:

$$x_{\mathrm{LS}} = u(t) \tag{4.18}$$

$$z = x_{\mathrm{LS}} - u = 0 \tag{4.19}$$

$$q = x_{\mathrm{R}} - x_{\mathrm{LS}} = x_{\mathrm{R}} - u \, ; \tag{4.20}$$

- dass das Schwingungsphänomen in erster Linie von der Masse des Rotors und der Steifigkeit des Lagers beeinflusst wird. Für das Erfassen grundlegender Zusammenhänge wird daher eine rein viskose Dämpfung eingesetzt

$$d_{\mathrm{bear}} \approx d_{\mathrm{bear,vis}} \, ; \tag{4.21}$$

- dass an Stelle einer Feder mit nichtlinearer Kennlinie die Rückstellkraft des Lagers auch über eine Parallelschaltung N linearer Federn der Steifigkeit k_i abgebildet werden kann. Das Verfahren ist exemplarisch anhand von drei Federn in Abbildung 4.6

dargestellt.

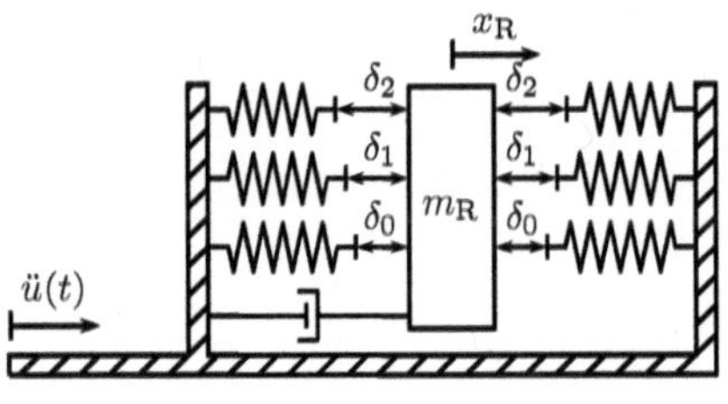

Abb. 4.6: N-Feder-Modell

Jeder Feder i wird dabei eine Distanz δ_i zugeordnet, ab derer sie die schwingende Rotormasse m_R beeinflusst

$$F_i = \begin{cases} k_i(q - \delta_i) & |q| > \delta_i \\ 0 & |q| \leq \delta_i \,. \end{cases} \tag{4.22}$$

Die Summe aller einzelnen Federkräfte ergibt dann die resultierende Lagerkraft $F_\mathrm{k}(q)$

$$F_\mathrm{k}(q) = \sum_{i=0}^{N} F_i \,. \tag{4.23}$$

Die vereinfachte Schwingungsgleichung des Rotor-Lager-Systems lautet dann

$$m_\mathrm{R}\ddot{q} + d_\mathrm{bear}(\dot{q}) + F_\mathrm{k}(q) = -m_\mathrm{R}\ddot{u}\,, \tag{4.24}$$

wobei eine Fußpunktanregung mit konstanter Beschleunigung $\hat{\ddot{u}}$ angnommen wird

$$\ddot{u}(t) = \hat{\ddot{u}}\mathrm{e}^{\mathrm{j}\Omega t} = \hat{\ddot{u}}(\cos\psi + \mathrm{j}\sin\psi)\mathrm{e}^{\mathrm{j}\Omega t}\,. \tag{4.25}$$

Analog zu (4.25) wird auch q komplex formuliert

$$q = \hat{q}\mathrm{e}^{\mathrm{j}\Omega t}\,, \tag{4.26}$$

wobei der Phasenversatz bei dieser Formulierung nicht in der Amplitude der relativen Bewegung q, sondern in der Anregung $\hat{\ddot{u}}$ enthalten ist. Diese Umstellung ermöglicht eine komfortablere Berechnung des Fourier-Koeffizienten der Lagerkraft im weiteren Verlauf.

Das Einsetzen von (4.25) und (4.26) für u und q in Gleichung (4.24) ergibt

$$-\Omega^2 m_\mathrm{R}\hat{q}\mathrm{e}^{\mathrm{j}\Omega t} + \mathrm{j}\Omega d_\mathrm{bear}\hat{q}\mathrm{e}^{\mathrm{j}\Omega t} + F_\mathrm{k}(\hat{q}\mathrm{e}^{\mathrm{j}\Omega t}) = -m_\mathrm{R}\hat{\ddot{u}}\mathrm{e}^{\mathrm{j}\Omega t}\,. \tag{4.27}$$

Die Nichtlinearität der Gleichung beschränkt sich nun auf den Term $F_\mathrm{k}(\hat{q}\mathrm{e}^{\mathrm{j}\Omega t})$ und wird bei der Transformation in den Frequenzbereich separat betrachtet.

Transformation in den Frequenzbereich

In diesem Abschnitt wird nur die Grundharmonische der Schwingung betrachtet. Zur Transformation von Gleichung (4.27) in den Frequenzbereich muss daher lediglich ein Fourier-Koeffizient bestimmt werden. Der Ansatz, nachzulesen beispielsweise bei ISER-MANN [41] oder im *Taschenbuch für den Maschinenbau* [29], lautet damit

$$f(\Omega) = \mathfrak{F}\left\{f(t)\right\} = \frac{1}{2\pi}\int_0^{2\pi} f(t)\mathrm{e}^{-\mathrm{j}\Omega t}\mathrm{d}\Omega t. \tag{4.28}$$

Die Transformierte des nichtlineare Terms $F_\mathrm{k}(\hat{q}\mathrm{e}^{\mathrm{j}\Omega t})$ wird dabei zunächst mit

$$\Upsilon(\hat{q}) = \mathfrak{F}\left\{F_\mathrm{k}(\hat{q}\mathrm{e}^{\mathrm{j}\Omega t})\right\} = \frac{1}{2\pi}\int_0^{2\pi} F_\mathrm{k}(\hat{q}\mathrm{e}^{\mathrm{j}\Omega t})\mathrm{e}^{-\mathrm{j}\Omega t}\mathrm{d}\Omega t \tag{4.29}$$

angegeben und später in Abhängigkeit von $\hat{q}$ gelöst. Angewendet auf Gleichung (4.27) liefert die Transformation (4.28) somit

$$-\Omega^2 m_\mathrm{R}\hat{q} + \mathrm{j}\Omega d_\mathrm{bear}\hat{q} + \Upsilon(\hat{q}) = -m_\mathrm{R}\hat{\hat{u}}. \tag{4.30}$$

Eine Aufteilung in reale und imaginäre Komponenten ergibt mit (4.25)

$$-\Omega^2 m_\mathrm{R}\hat{q} + \Upsilon(\hat{q}) = \mathfrak{Re}\left\{-m_\mathrm{R}\hat{\hat{u}}\right\} = -m_\mathrm{R}\hat{u}\cos\psi \tag{4.31}$$

$$\Omega d_\mathrm{bear}\hat{q} = \mathfrak{Im}\left\{-m_\mathrm{R}\hat{\hat{u}}\right\} = -m_\mathrm{R}\hat{u}\sin\psi. \tag{4.32}$$

Mit Einführung einer Substitution v sowie der Vergrößerungsfunktion V

$$v = \frac{\Upsilon(\hat{q})}{\hat{q}m_\mathrm{R}} \tag{4.33}$$

$$V = \frac{\hat{q}}{\hat{\hat{u}}}. \tag{4.34}$$

lassen sich Gleichung (4.31) und (4.32) über den Ansatz

$$\sin^2\psi + \cos^2\psi = 1 \tag{4.35}$$

kombinieren zu

$$\left(\Omega^2 V - v\right)^2 + \left(-\frac{\Omega d}{m_{\mathrm{R}}} V\right)^2 = 1 \,. \tag{4.36}$$

Anstelle einer Lösung für die Amplitude der Schwingung $\hat{q}$ bei gegebener Anregungskreisfrequenz Ω zu berechnen, wird der umgekehrte Fall entwickelt. Für Ω folgt somit

$$\Omega = \sqrt{\frac{v}{V} - \frac{d_{\mathrm{bear}}^2}{2m_{\mathrm{R}}^2} \pm \sqrt{\frac{d_{\mathrm{bear}}^4}{4m_{\mathrm{R}}^4} - \frac{d_{\mathrm{bear}}^2 v}{m_{\mathrm{R}}^2 V} + \frac{1}{V^2}}} \,. \tag{4.37}$$

Die Phase ψ kann daraus, ebenfalls durch Kombination der Gleichungen (4.31) und (4.32), bestimmt werden

$$\psi = \arctan \frac{\Omega d_{\mathrm{bear}} \hat{q}}{-\Omega^2 m_{\mathrm{R}} \hat{q} + \Upsilon(\hat{q})} \,. \tag{4.38}$$

Die Resonanzfrequenz $\omega(\hat{q})$ des nichtlinearen Schwingers kann unter der Annahme, dass sie bei einer theoretischen Phasenlage von $\psi = \frac{\pi}{2}$ auftritt, berechnet werden. Mit dem Ansatz

$$\lim_{\lambda \to \infty} \arctan \lambda = \frac{\pi}{2} \tag{4.39}$$

einer beliebigen Funktion λ folgt aus Gleichung (4.38)

$$\frac{\omega d_{\mathrm{bear}} \hat{q}}{-\omega^2 m_{\mathrm{R}} \hat{q} + \Upsilon(\hat{q})} \to \infty \,, \tag{4.40}$$

was in diesem Fall gleichbedeutend ist mit

$$-\omega^2 m_{\mathrm{R}} \hat{q} + \Upsilon(\hat{q}) = 0 \,. \tag{4.41}$$

Für die Eigenkreisfrequenz $\omega(\hat{q})$ folgt daraus:

$$\omega = \sqrt{\frac{\Upsilon(\hat{q})}{m_{\mathrm{R}} \hat{q}}} \,. \tag{4.42}$$

Sie weist neben der Abhängigkeit von der Rotormasse m_{R} auch eine Abhängigkeit vom Schwingweg $\hat{q}$ auf, welcher sowohl als Divisor als auch im nichtlinearen Term $\Upsilon(\hat{q})$ auftritt.

Transformation des nichtlinearen Terms

Zur Lösung des nichtlineare Terms $\Upsilon(\hat{q})$ aus Gleichung (4.31) wird die Existenz einer Dauerschwingung vorausgesetzt (siehe auch Abschnitt 4.2 auf Seite 47). Die Integration der Federkraft erfolgt in Abhängigkeit von der Amplitude $\hat{q}$ für jede Feder individuell. Der Fourier-Koeffizient des gesamtem N-Feder-Systems $\Upsilon(\hat{q})$ berechnet sich anschließend aus der Summe der einzelnen Koeffizienten Υ_i

$$\Upsilon(\hat{q}) = \sum_{i=1}^{N} \Upsilon_i(\hat{q}) \,. \tag{4.43}$$

Abbildung 4.7 zeigt den Wirkungsbereich einer Feder i für $\hat{q} > \delta_i$ über einer Periode. Da der Schwingweg zunächst den Abstand δ_i überschreiten muss, beschränkt sich der Wirkungsbereich auf drei Integrationsflächen.

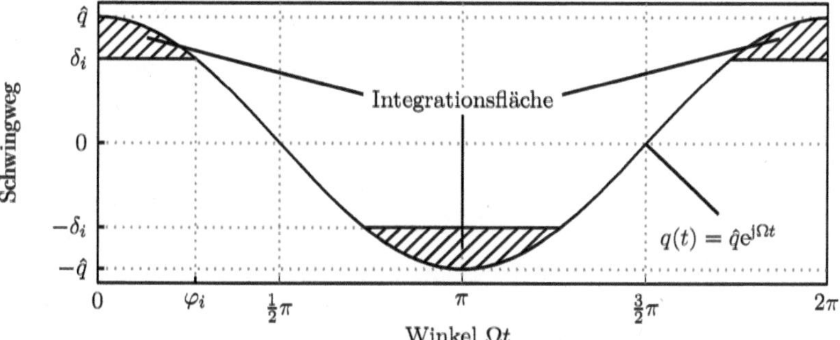

Abb. 4.7: Wirkungsbereich einer Feder i innerhalb einer Periode.

Basierend auf der Transformationsgleichung (4.29) und unter Berücksichtigung von Abbildung 4.7 folgt für eine Feder i

$$\Upsilon_i(\hat{q}) = \begin{cases} \dfrac{1}{\pi} \displaystyle\int_{-\varphi_i}^{\varphi_i} k_i(\hat{q}\mathrm{e}^{\mathrm{j}\Omega t} - \delta_i)\mathrm{e}^{-\mathrm{j}\Omega t}\mathrm{d}\Omega t & , \; \hat{q} > \delta_i \\[2ex] 0 & , \; \hat{q} \leq \delta_i \end{cases}, \tag{4.44}$$

wobei

$$\varphi_i = \arccos\left(\frac{\delta_i}{\hat{q}}\right) \tag{4.45}$$

gilt. Aus (4.44) folgt für $\hat{q} > \delta_i$ weiterhin

$$\Upsilon_i(\hat{q}) = \frac{1}{\pi}k_i \int\limits_{-\varphi_i}^{\varphi_i} \hat{q}\,\mathrm{d}\Omega t - \frac{1}{\pi}k_i \int\limits_{-\varphi_i}^{\varphi_i} \delta_i \mathrm{e}^{-\mathrm{j}\Omega t}\mathrm{d}\Omega t \tag{4.46}$$

$$= \frac{1}{\pi}k_i\,\hat{q}\Omega t\Big|_{-\varphi_i}^{\varphi_i} - \frac{1}{\pi}k_i\,\delta_i \mathrm{j}\mathrm{e}^{-\mathrm{j}\Omega t}\Big|_{-\varphi_i}^{\varphi_i} \tag{4.47}$$

$$= \frac{2}{\pi}k_i(\hat{q}\varphi_i - \delta_i\sin\varphi_i)\,. \tag{4.48}$$

4.2.2 Ergebnis der harmonischen Balance-Methode

Die resultierende Amplitude der nichtlinearen, axialen Rotor-Lager-Schwingung nach dem Verfahren der harmonischen Balance aus Abschnitt 4.2.1 ist in Abbildung 4.8a unter Annahme der Werte in Tabelle 4.1 dargestellt; die Phase in Abbildung 4.8b.

Tabelle 4.1: Berechnungsparameter für das Verfahren der harmonischen Balance

Parameter	Wert
m_R	$11.2\,\mathrm{kg}$
d_bear	$200\,\frac{\mathrm{Ns}}{\mathrm{m}}$
$\hat{\ddot{u}}$	$10\,\frac{\mathrm{m}}{\mathrm{s}^2}$

Abbildung 4.8a zeigt deutlich, dass die Amplitude $\hat{q}$ im Bereich von $40\,\mathrm{Hz} \leq f \leq 341\,\mathrm{Hz}$ nicht eindeutig definiert ist, sondern mehrere zulässige Lösungen aufweist. Die Anregung der verschiedenen Lösungen erfolgt im einfachsten Fall durch steigende bzw. fallende Anregungsfrequenzen, weshalb die Diskussion der Abbildungen im Folgenden in diese unterteilt ist:

Steigende Anregungsfrequenz Bei kleinen Anregungsfrequenzen von $f \leq 40\,\mathrm{Hz}$ weist das Rotor-Lager-System eine eindeutige Lösung auf. Mit steigender Frequenz folgt die Amplitude dem hierdurch beschriebenen Pfad, bis dieser bei $f = 342.1\,\mathrm{Hz}$ plötzlich abbricht, so dass nur eine mögliche Schwingungsamplitude verbleibt. In Folge dessen springt die Amplitude schlagartig auf diesen kleineren Wert, weshalb dieser Vorgang im Folgenden als *Sprung*, seine Frequenz als *Sprungfrequenz* oder *Sprungpunkt* und die höhere Amplitude als *Sprungamplitude* bezeichnet wird.

Analog dazu weist auch die Phase einen Sprung auf. Im unteren Frequenzbereich läuft sie auf einen Winkel von $\psi \leq -90°$ zu. Bei Erreichen des Sprungpunktes folgt ein Abfall auf $\psi \approx -179.5°$. Mit steigender Frequenz strebt die Phase schließlich einen Grenzwert von $\psi \to -180°$ an.

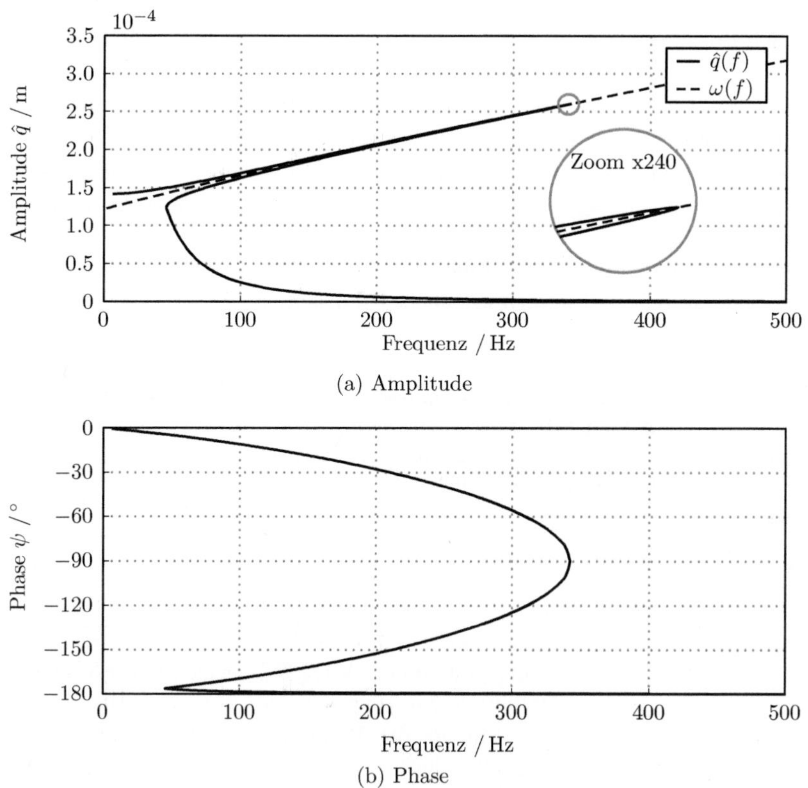

(a) Amplitude

(b) Phase

Abb. 4.8: Amplitude (a) und Phase (b) der axialen Rotorschwingung im starren
Lagerschild. In (a) ist der Sprungpunkt zusätzlich in seiner 240-fachen
Vergrößerung dargestellt.

Fallende Anregungsfrequenz Bei ca. $f = 500\,\mathrm{Hz}$ weist das System die Charakteristik
eines überkritisch erregten Resonators auf. Wird die Anregungsfrequenz weiter abgesenkt, so folgt die Amplitude dem unteren Pfad und behält diese Charakteristik
bis zu einer Frequenz von $f \geq 40\,\mathrm{Hz}$ bei. In diesem Punkt weist der bisher verfolgte
Pfad keine Lösung mehr auf, so dass die Amplitude erneut springt und sich das
Verhalten vom überkritisch zum unterkritisch erregten System verändert. Im Unterschied zur steigenden Anregungsfrequenz sind jedoch sowohl Sprungfrequenz als
auch Sprungamplitude und somit auch die dynamischen Belastungen deutlich geringer. In Folge dessen liegt der Fokus im weiteren Verlauf auf dem Fall der steigenden
Anregungsfrequenz.

4.2.3 Einflussanalyse

Die Resonanzkurve des Rotor-Lager-Systems nach Abbildung 4.8a wird sowohl qualitativ als auch quantitativ durch seine Eingangsparameter beeinflusst. Unter einer qualitativen Veränderung wird hierbei ein geänderter Verlauf der Resonanzkurve verstanden, unter einer quantitativen eine Verlagerung des Sprungpunktes entlang der Resonanzkurve.

Die Auswirkungen verschiedener Parametvariationen auf die Resonanzkurve sind in Abbildung 4.9 dargestellt und werden in Tabelle 4.2 diskutiert.

Tabelle 4.2: Parameter und ihre Beeinflussung der Resonanzkurve nach Abbildung 4.9

Parameter	Einfluss		Bemerkung
	Qualitativ	Quantitativ	
Rotormasse $-m_\mathrm{R}-$	x	x	Eine Vergrößerung der Rotormasse resultiert nach Gleichung (4.42) mit $\omega \sim 1/\sqrt{m_\mathrm{R}}$ bei identischer Schwingungsamplitude $\hat{q}$ in einer tieferen Eigenkreisfrequenz.
Lagerdämpfung $-d_\mathrm{bear}-$		x	Der Einfluss der Dämpfung ist quantitativ. Diese Aussage ist jedoch nur für eine makroskopische Betrachtung der Resonanzkurve gültig. Die Eigenkreisfrequenz ist nach Gleichung(4.42) dämpfungsunabhängig, weshalb variierte und ursprüngliche Kurve deckungsgleich verlaufen.
Anregung $-\hat{u}-$		x	Deutliche Verschiebung des Sprungpunktes entlang der Resonanzkurve.
Lagerspiel $-G_\mathrm{ax}-$	x		Eine Verringerung des Lagerspiels resultiert nach (4.48) in einer Vergrößerung des Fourier-Koeffizienten $-\Upsilon(\hat{q})-$. Mit (4.42) ergibt sich daraus eine Vergrößerung der Eigenkreisfrequenz bei identischer Amplitude $\hat{q}$ und entsprechend eine Verschiebung der Resonanzkurve.
Lagersteifigkeit $-k_\mathrm{bear}-$	x		Die Lagersteifigkeit geht nach (4.48) linear in $\Upsilon(\hat{q})$ ein. Mit (4.42) gilt somit für die Resonanzfrequenz: $\omega \sim \sqrt{k_\mathrm{bear}}$.

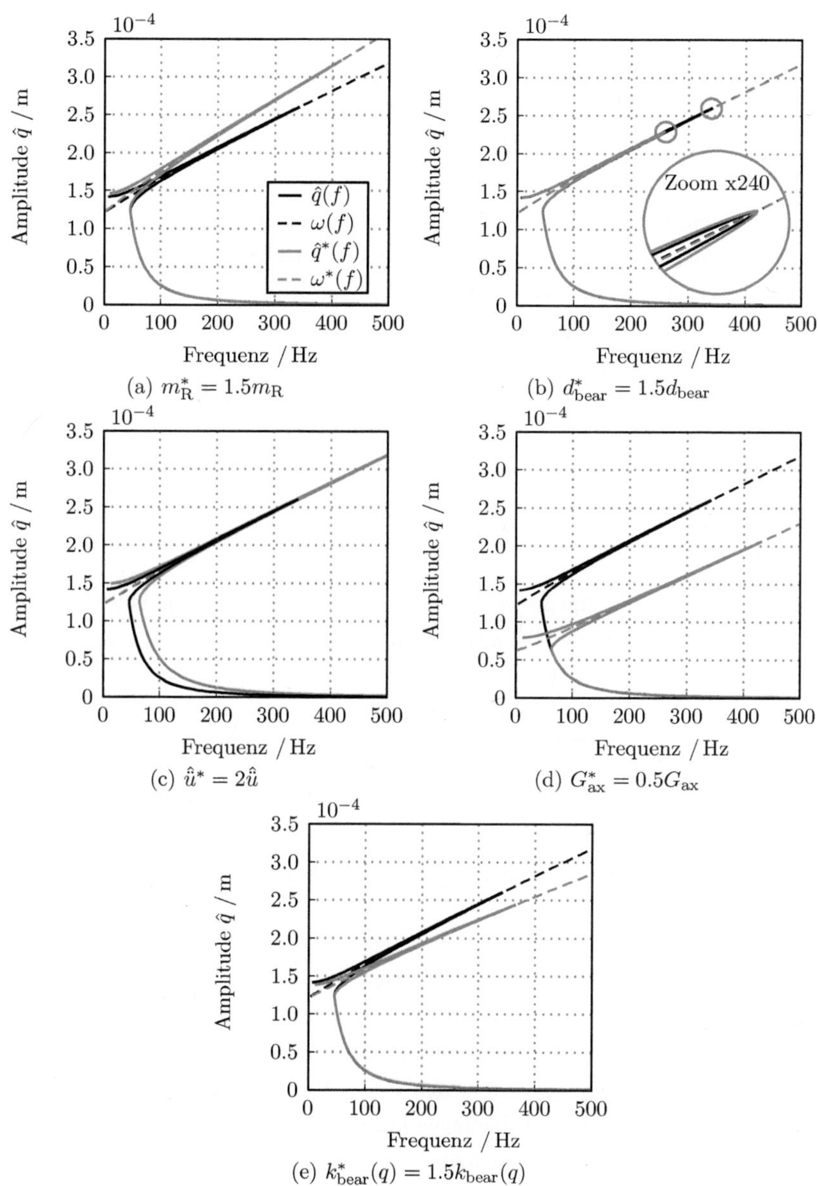

(a) $m_\mathrm{R}^* = 1.5 m_\mathrm{R}$

(b) $d_\mathrm{bear}^* = 1.5 d_\mathrm{bear}$

(c) $\hat{\hat{u}}^* = 2\hat{\hat{u}}$

(d) $G_\mathrm{ax}^* = 0.5 G_\mathrm{ax}$

(e) $k_\mathrm{bear}^*(q) = 1.5 k_\mathrm{bear}(q)$

Abb. 4.9: Variation einzelner Eingangsparameter und ihre Auswirkungen auf die Resonanzkurve des Rotor-Lager-Systems.

4.2.4   Höher Harmonische Balance-Methode

Die Methode der höher harmonischen Balance berücksichtigt, im Gegensatz zur harmonischen Balance, auch superharmonische Schwingungen. Sie werden durch die nichtlineare Federkennlinie des Kugellagers angeregt. Weiterhin wird die Flexibilität des Lagerschildes berücksichtigt.

Zur Vereinfachung der physikalischen Beschreibung wird der viskose Dämpfungsanteil des Kugellagers angenommen, vgl. Abschnitt 4.2.1. Die Differentialgleichung des Systems kann damit direkt aus Gleichung (4.17) entwickelt werden

$$\begin{bmatrix} m_{\mathrm{LS}} & 0 \\ m_{\mathrm{R}} & m_{\mathrm{R}} \end{bmatrix} \begin{bmatrix} \ddot{z} \\ \ddot{q} \end{bmatrix} + \begin{bmatrix} d_{\mathrm{LS}} & -d_{\mathrm{bear}} \\ 0 & d_{\mathrm{bear}} \end{bmatrix} \begin{bmatrix} \dot{z} \\ \dot{q} \end{bmatrix} + \begin{bmatrix} k_{\mathrm{LS}} & 0 \\ 0 & 0 \end{bmatrix} \begin{bmatrix} z \\ q \end{bmatrix} + \begin{bmatrix} F_{\mathrm{k}} \\ -F_{\mathrm{k}} \end{bmatrix} = \begin{bmatrix} -m_{\mathrm{LS}} \\ -m_{\mathrm{R}} \end{bmatrix} \ddot{u} \,. \tag{4.49}$$

Unter Annahme einer komplexen Anregungsfunktion

$$\ddot{u}(t) = \hat{u}\mathrm{e}^{\mathrm{j}\Omega t} \tag{4.50}$$

lassen sich die einzelnen Elemente von z und q in der w-ten zeitlichen Ableitung über die ersten N Glieder der Fourier-Reihe ausdrücken

$$\frac{\mathrm{d}z}{(\mathrm{d}t)^k} = \sum_{i=1}^{N} (\mathrm{j}i\Omega)^k \hat{z}_i \mathrm{e}^{\mathrm{j}i\Omega t}, \quad k = 1,2 \tag{4.51}$$

$$\frac{\mathrm{d}q}{(\mathrm{d}t)^w} = \sum_{i=1}^{N} (\mathrm{j}i\Omega)^w \hat{q}_i \mathrm{e}^{\mathrm{j}i\Omega t}, \quad w = 1,2\,. \tag{4.52}$$

Analog dazu wird auch die nichtlineare Kraft $F_{\mathrm{k}}(q)$ über ihre harmonischen Anteile formuliert

$$F_{\mathrm{k}} = \sum_{i=1}^{N} \hat{F}_I \mathrm{e}^{\mathrm{j}i\Omega t} \,. \tag{4.53}$$

Sowohl in der Formulierung der Kraft F_{k} als auch der Verschiebungen z und q könnte auf eine Formulierung geradzahliger Ordnungen $i = 2,4,6...$ verzichtet werden. Sie werden durch die Lagerkraft nicht zu Schwingungen angeregt, da diese der Symmetriebedingung 3. Art nach BRONSTEIN et al. [11] genügt

$$F_{\mathrm{k}}(t + T/2) = -F_{\mathrm{k}}(t) \,, \tag{4.54}$$

wonach für alle geradzahligen Vielfachen der Grundordnung gilt :

$$F_{\mathrm{k},2i} = z_{2i} = q_{2i} = 0 \qquad (i = 0, 1, 2, \ldots)\,. \tag{4.55}$$

Die Massen-, Steifigkeits- und Dämpfungsmatritzen aus Gleichung (4.49) lassen sich mit (4.51) und (4.52) in einer Submatrix der i-ten Ordnung zusammenfassen

$$\boldsymbol{\Phi}_i = \begin{bmatrix} -m_{\mathrm{LS}}(i\Omega)^2 + ji\Omega d_{\mathrm{LS}} + k_{\mathrm{LS}} & -ji\Omega d_{\mathrm{bear}} \\ -m_{\mathrm{R}}(i\Omega)^2 & -m_{\mathrm{R}}(i\Omega)^2 + ji\Omega d_{\mathrm{bear}} \end{bmatrix}, \tag{4.56}$$

mit deren Hilfe (4.49) umformuliert werden kann

$$\underbrace{\begin{bmatrix} \boldsymbol{\Phi}_1 & \cdots & 0 \\ \vdots & \ddots & \vdots \\ 0 & \cdots & \boldsymbol{\Phi}_N \end{bmatrix}}_{\boldsymbol{\Phi}} \underbrace{\begin{bmatrix} \hat{z}_1 e^{j\Omega t} \\ \hat{q}_1 e^{j\Omega t} \\ \vdots \\ \hat{z}_N e^{jL\Omega t} \\ \hat{q}_N e^{jL\Omega t} \end{bmatrix}}_{\mathbf{p}} + \underbrace{\begin{bmatrix} \hat{F}_1 \\ -\hat{F}_1 \\ \vdots \\ \hat{F}_N \\ -\hat{F}_N \end{bmatrix}}_{\mathbf{F}} + \underbrace{\begin{bmatrix} m_{\mathrm{LS}}\hat{\ddot{u}}e^{j\Omega t} \\ m_{\mathrm{R}}\hat{\ddot{u}}e^{j\Omega t} \\ \vdots \\ 0 \end{bmatrix}}_{\mathbf{G}} = \mathbf{0}\,. \tag{4.57}$$

Lösungsverfahren

Zur Lösung des Gleichungssystems (4.57) wird ein gedämpftes, mehrdimensionales Newton-Raphson Verfahren nach ORTEGA und RHEINBOLDT [61] eingesetzt. Die Gleichung wird hierfür um einen zusätzlichen Fehlervektor $\mathbf{R}$ erweitert

$$\boldsymbol{\Phi}\mathbf{p} + \mathbf{F} + \mathbf{G} = \mathbf{R}\,, \tag{4.58}$$

welcher iterativ minimiert wird. Die Jakobi-Matrix $\mathbf{J}_i$ leitet sich aus dem Zustandsvektor $\mathbf{p}_i$ und dem Residuum $\mathbf{R}_i$ im i-ten Iterationsschritt mit

$$\mathbf{J}_i = \frac{\partial \mathbf{p}_i}{\partial \mathbf{R}_i} \tag{4.59}$$

ab. Der Eingangsvektor des nächsten Schrittes $i + 1$ wird mit

$$\mathbf{p}_{i+1} = \mathbf{p}_i + \lambda \mathbf{J}_i^{-1} \mathbf{R}_i \tag{4.60}$$

bestimmt, wobei λ die Dämpfung des Algorithmus angibt.

Die Inversion der Jakobi-Matrix in Gleichung (4.60) ist von hohem Rechenaufwand. Sie wird daher über den Ansatz

$$\mathbf{R}_i = \mathbf{J}\boldsymbol{\xi} \tag{4.61}$$

durch die Lösung eines linearen Gleichungssystem ersetzt. Die Iteration aus Gleichung (4.60) wird mit (4.61) dann zu

$$\mathbf{p}_{i+1} = \mathbf{p}_i + \gamma\boldsymbol{\xi}\,. \tag{4.62}$$

4.2.5 Ergebnis der höher harmonischen Balance-Methode

Mithilfe des Verfahrens der höher harmonischen Balance werden superharmonische Anteile der entstehenden Rotor-Lagerung sowie die Dynamik des Lagerschildes berücksichtigt. Zur Berechnung werden die Parameter aus Tabelle 4.1 mit den Werten in Tabelle 4.3 ergänzt.

Tabelle 4.3: Ergänzende Berechnungsparameter für das Verfahren der höher harmonischen Balance

Parameter	Wert
m_{LS}	$0.48\,\mathrm{kg}$
k_{LS}	$1.38 \cdot 10^8\,\frac{\mathrm{N}}{\mathrm{m}}$
d_{LS}	$200\,\frac{\mathrm{Ns}}{\mathrm{m}}$

Die unter diesen Bedingungen erzeugten Resonanzkurven für Rotor und Lagerschild sind in Abbildung 4.10 und 4.11 in der ersten Ordnung dargestellt. Sie weisen drei grundlegende Unterschiede zu den Ergebnissen der harmonischen Balance auf:

1. Die Amplitude der Rotorschwingung ist deutlich gestiegen. Sie beträgt für ein System ohne superharmonische Anteile im Sprungpunkt annähernd

$$\hat{x}_{\mathrm{R}} \approx 5 \cdot 10^{-4}\,, \tag{4.63}$$

   was in etwa dem Doppelten der Amplitude im Falle der harmonischen Balance entspricht.

2. Die Sprungfrequenz liegt auch bei ausschließlicher Berücksichtigung der Grundordnung mit $f = 340\,\mathrm{Hz}$ um etwa $\Delta f = 2.1\,\mathrm{Hz}$ unter der Sprungfrequenz aus Abbildung 4.8a.

3. Mit steigender Anzahl berücksichtigter superharmonischer Schwingungen fallen Sprungfrequenz und Amplitude ab, wobei der Abstand zwischen ein und drei berück-

sichtigten Ordnungen deutlich größer ist im Vergleich zu drei und fünf Ordnungen. Eine Erweiterung von fünf auf sieben Ordnungen bleibt dann ohne Einfluss auf die Ausprägung der Grundordnung.

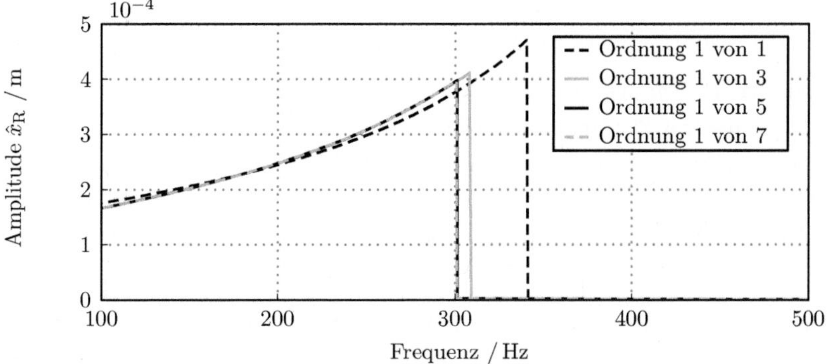

Abb. 4.10: Resonanzkurve des Rotors x_R

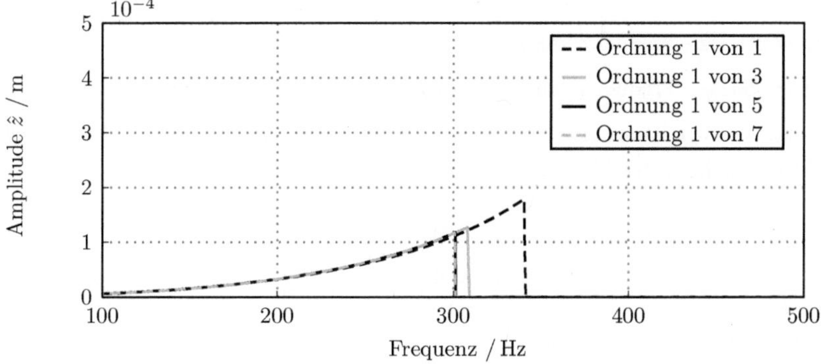

Abb. 4.11: Resonanzkurve des Lagerschildes x_LS

Die quantitative Beeinflussung der Resonanzkurve nach Punkt 1 zeigt, dass nicht die absolute Rotorbewegung, sondern vielmehr die Relativbewegung zwischen Rotor und Lagerschild entscheidend für die Ausbildung des Sprungpunktes ist. Sie liegt im Falle einer Berechnung mit flexiblem Lagerschild ohne superharmonische Anteile bei

$$\hat{q}(340\,\mathrm{Hz}) = \hat{x}_\mathrm{R}(340\,\mathrm{Hz}) - \hat{x}_\mathrm{LS}(340\,\mathrm{Hz}) \approx 3 \cdot 10^{-4}, \tag{4.64}$$

was wiederum vergleichbar mit der Amplitude des Sprungpunktes aus Abbildung 4.8a von $\hat{q} \approx 2.6 \cdot 10^{-4}$ ist.

Nach Punkt 2 ist die Sprungfrequenz einzig aufgrund der Berücksichtigung der Steifigkeit des Lagerschildes um $\Delta f = 2.1\,\mathrm{Hz}$ gesunken. Ein ähnliches Phänomen lässt sich, wenn auch in deutlich stärkerer Ausprägung, an einem linearen Schwinger beobachten. Die Eigenfrequenz eines linearen Einmassenschwingers ist immer größer als die seines Abbildes, welchem ein weiterer Einmassenschwinger vorgeschaltet ist.

Die Frequenz des Sprungpunktes unterliegt nach Punkt 3 der Anzahl der betrachteten höher harmonischen Schwingungsanteile, wobei diese mit steigender Ordnungszahl an Bedeutung verlieren. Diese Beobachtung geht mit der Aussage von DRESIG[17] einher, wonach für eine Berechnung einfacher, nichtlineare Systeme nur Oberschwingungen bis zur 5. Ordnung berücksichtigt werden müssen, da nur diese von wesentlichem Einfluss sind.

Die Auswirkungen höherer Ordnungen auf die Berechnungsergebnisse sind, mithilfe von Phasenportraits, in Abbildungen 4.12 und 4.13 dargestellt und für jeweils drei Frequenzen gezeichnet:

- $f = 100\,\mathrm{Hz}$ - Frequenz deutlich unterhalb der Sprungfrequenz,

- $f = 280\,\mathrm{Hz}$ - Frequenz knapp unterhalb der Sprungfrequenz,

- $f = 380\,\mathrm{Hz}$ - Frequenz deutlich über der Sprungfrequenz.

Übersteigt in einer Kurve der relative Schwingweg des Rotors q die axiale Lagerluft G_a, so wirkt die nichtlineare Feder auf Rotor und Lagerschild ein

$$F_\mathrm{k} > 0, \quad q > G_\mathrm{a} \tag{4.65}$$

$$F_\mathrm{k} = 0, \quad q \leq G_\mathrm{a}. \tag{4.66}$$

Diese Bereiche sind fett hinterlegt.

Alle Phasenportraits, sowohl in Abbildung 4.12 als auch in 4.13, weisen dabei eine Zunahme der Weg- und Schnelleamplitude bis zum Sprungpunkt auf. Zusätzlich ist, aufgrund des proportionalen Zusammenhangs von Schwingschnelle $\dot{x}$ und Kreisfrequenz Ω

$$\hat{\dot{x}} \sim \hat{x}\Omega, \tag{4.67}$$

eine Aufweitung des Portraits entlang der Ordinate feststellbar. Im Gegensatz zum linearen Schwinger ändert sich in den gezeigten Portraits auch der qualitative Verlauf der Kurve, was sich beispielsweise in einem spitzeren Zulaufen am Achsenabschnitt mit der Abszissenachse äußert.

Die Frequenz $f = 380\,\mathrm{Hz}$ liegt deutlich über der Sprungfrequenz. Die Amplitude ist somit bereits auf einen kleineren Wert gesprungen und ist im Portrait nur als Punkt im Koordinatenursprung erkennbar.

In Abbildung 4.12a ist nur die Grundharmonische berechnet. Das Diagramm weist in allen Kurven daher zunächst den typisch ellipsenförmigen Verlauf einer harmonischen Schwingung auf - mit dem Unterschied, dass im Bereich von $-1.4 \cdot 10^{-4} < q < 1.4 \cdot 10^{-4}$ keine Federkraft wirkt. Absolut identisch hierzu verlaufen auch die Kurven in Abbildung 4.12b. Die Annahme, dass geradzahlige Ordnungen ohne Einfluss auf die Schwingung sind, kann somit bestätigt werden. Gleiches ist auch bei einem Vergleich der Abbildungen 4.12c und 4.12d feststellbar.

Für f = 100 Hz äußert sich eine Hinzunahme der 3. Ordnung in Abbildung 4.12c in einer Reduktion der maximalen Schwingschnelle $\dot{q}$. Der Verlauf wirkt daher zwischen den Kontaktzonen am linken und rechten Ende deutlich abgeflacht, was gleichbedeutend mit einer geringeren Beeinflussung der Bewegung ist. Dieser Effekt setzt sich in Abbildung 4.12e und 4.12f für 5 bzw. 7 Ordnungen fort, so dass in Abbildung 4.12f lediglich eine Restkrümmung aufgrund der eingeführten Dämpfung verbleibt.

Für f = 280 Hz fällt zunächst eine größere Schwingschnelle im Schnittpunkt mit der Ordinatenachse in Abbildung 4.12c im Vergleich zu 4.12a auf. Diese ändert sich nur minimal mit 5 bzw. 7 Ordnungen.

Änderungen sind vor allem qualitativer Natur an den Schnittpunkten mit der Abszissenachse zu erkennen. In Abbildung 4.12c laufen diese zunächst „spitzer" zu, werden jedoch mit zunehmender Ordnungszahl abgerundet.

Insgesamt ist somit die 3. Ordnung von erheblichem Einfluss auf die Ausprägung der Schwingung. Das ist sowohl in den Phasenportraits in Abbildung 4.12 als auch auf die Resonanzkurven in Abbildungen 4.10 und 4.11, welche eine deutlich kleinere Sprungfrequenz aufweisen, erkennbar.

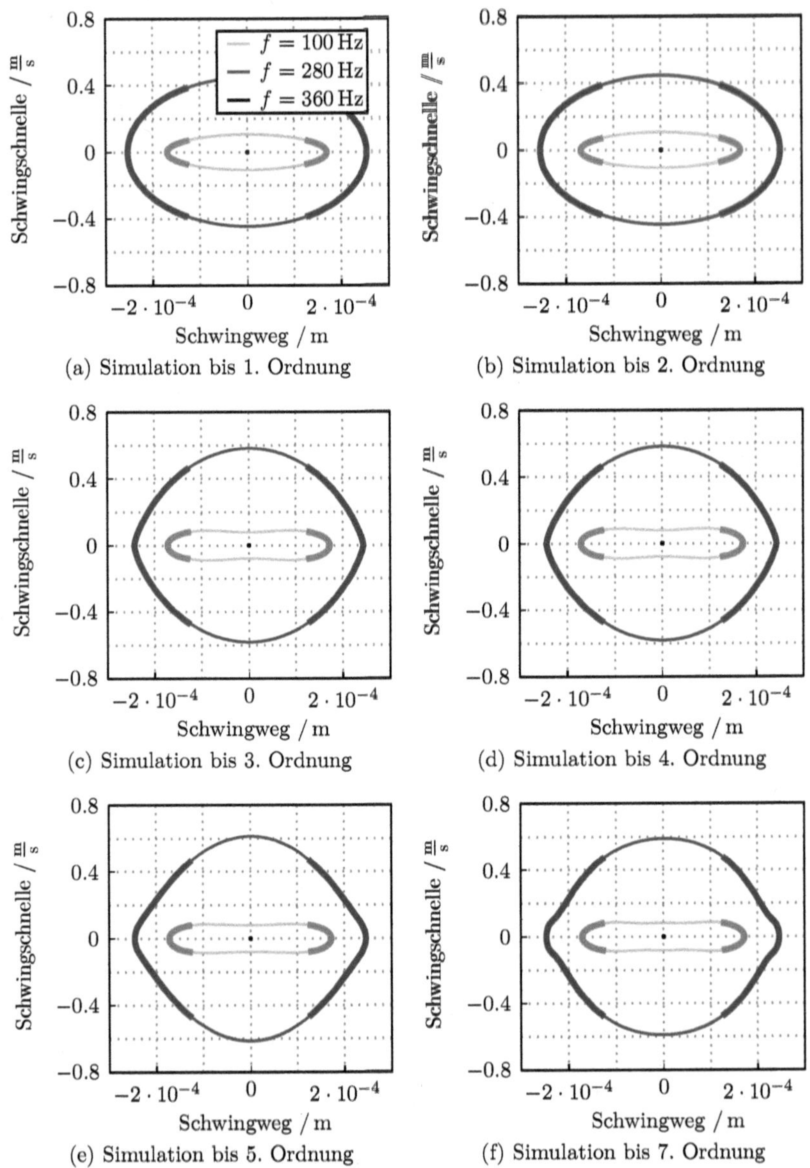

Abb. 4.12: Phasenportrait der Rotorschwingung bei $f = 100\,\text{Hz}$, $f = 280\,\text{Hz}$ und $f = 380\,\text{Hz}$. Im Bereich fett gezeichneter Kurven ist der Abstand zwischen Lagerschild und Rotor größer als das axiale Lagerspiel G_a.

Vergleichbar mit Abbildung 4.12a ist auch das Phasenportrait des Lagerschildes unter Vernachlässigung superharmonischer Schwingungen ellipsenförmig, wie in Abbildung 4.13a erkennbar ist. Ein Vergleich mit Abbildung 4.13b zeigt, dass aufgrund der Symmetrieeigenschaften der Lagerkraft auch hier alle geradzahligen Ordnungen ohne Einfluss sind.

Insgesamt ist der Einfluss höherer Ordnungen in Abbildung 4.13 deutlich größer im Vergleich zu Abbildung 4.12. So verändert die Hinzunahme der 3. Ordnung in 4.13c den Verlauf signifikant. Ihr Einfluss ist vor allem bei $f = 280\,\mathrm{Hz}$ deutlich erkennbar. Zwischen den fett hinterlegten Bereichen sind nun Oberschwingungen des Lagerschildes erkennbar, deren Größe mit zunehmender Ordnungszahl in 4.13e und 4.13f weiter ansteigt. Wird deren Auswirkung jedoch im Verhältnis zum Einfluss der 3. Ordnung betrachtet, so stellt man fest, dass superharmonische Anteile analog zu Abbildung 4.12 auch hier mit steigender Frequenz an Einfluss verlieren.

Das Phasenportrait der Schwingung mit $f = 100\,\mathrm{Hz}$ zeigt kein Überschwingen, im Gegenteil nimmt der Verlauf zwischen den Wirkbereichen der nichtlinearen Feder sogar, wie auch in 4.12 beobachtet, wieder eine geradere Form an. Es zeichnen sich lediglich leichte Wellen in der 5. Ordnung ab, welche nach Hinzunahme der 7. Ordnung jedoch wieder verschwinden.

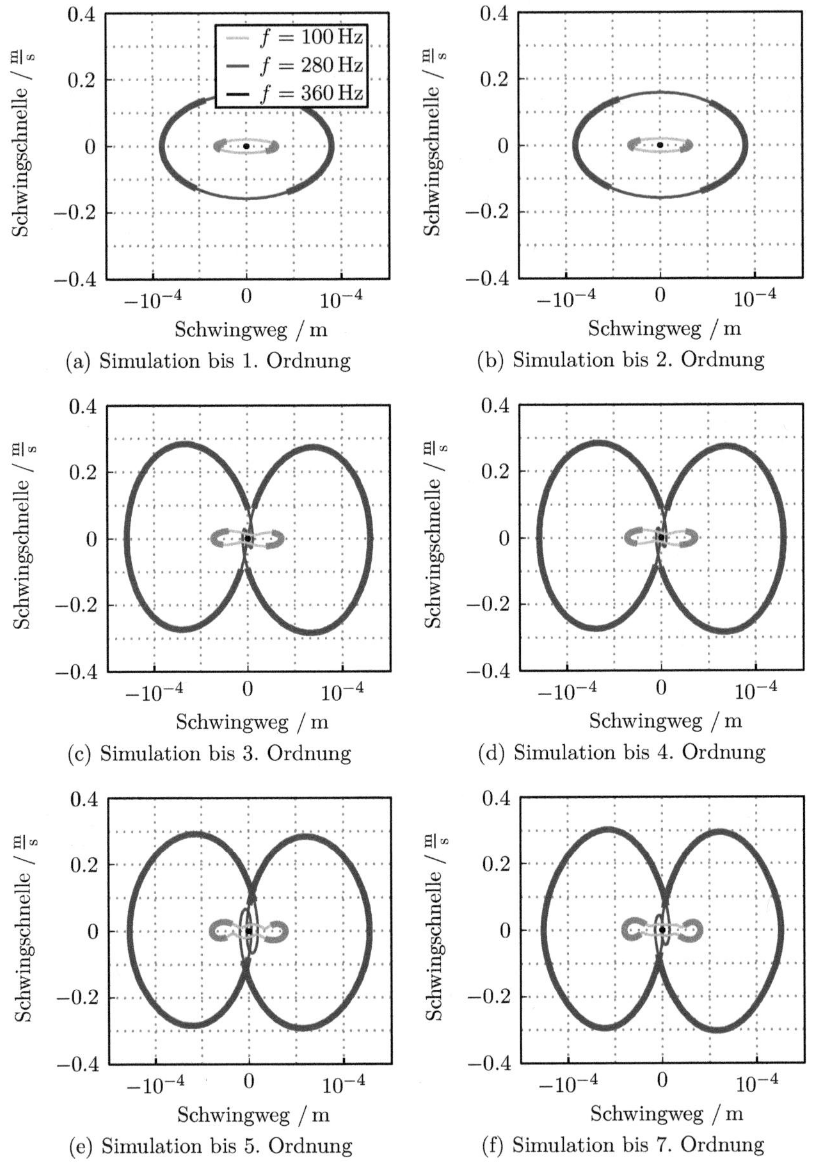

Abb. 4.13: Phasenportrait der Lagerschildschwingung bei $f = 100\,\mathrm{Hz}$, $f = 280\,\mathrm{Hz}$ und $f = 380\,\mathrm{Hz}$. Im Bereich fett gezeichneter Kurven ist der Abstand zwischen Lagerschild und Rotor größer als das axiale Lagerspiel G_a.

4.3 Lösen der Systemgleichungen im Zeitbereich

Im vorangegangen Abschnitt 4.2 wurde die Nichtlinearität des Kugellagers, welche für die Entstehung der Schwingung maßgeblich ist, einzig in der Federkennlinie berücksichtigt. Die Dämpfung wurde als viskos und der Dämpfungsparameter d_{bear} entsprechend als konstant angenommen. Die transiente Simulation, welche in diesem Kapitel vorgestellt wird, ermöglicht eine diversifiziertere Betrachtung des Dämpfungseinflusses. Zugrunde gelegt werden weiterhin die Überlegungen aus Abschnitt 4.1 mit der in Abbildung 4.4 vorgestellten Fallunterscheidung. Während der Einfluss des Schmiermediums weiterhin über eine viskose Dämpfung angenähert wird, erfolgt die Einprägung der Kontaktdämpfung abhängig von der Steifigkeit und vom Kontaktwinkel α.

4.3.1 Erweiterte Dämpfungsbetrachtung

Die Dämpfung im trockenen Kontakt wird nach DIETL [15] mit

$$d_{\text{bear,dry}} = \Psi \frac{k_{\text{bear}}(\Delta x_{\text{ax}})}{\omega_0} \tag{4.68}$$

angegeben, wobei Ψ einer Materialkonstante und ω_0 der ersten Eigenkreisfrequenz des gelagerten Rotors entspricht. Der Faktor $\frac{\Psi}{\omega_0}$ wird im weiteren Verlauf des Kapitels anhand von Messwerten ermittelt, doch zunächst mit

$$\frac{\Psi}{\omega_0} = 2 \cdot 10^{-5}\text{s} \tag{4.69}$$

angenommen. Die Dämpfungskraft lässt sich daraus mit

$$F_{\text{d,dry}} = d_{\text{bear,dry}}\dot{x}_\alpha \tag{4.70}$$

berechnen, wobei berücksichtigt werden muss, dass

- die Steifigkeit des Kugellagers $k_{\text{bear}}(\Delta x_{\text{ax}})$ in Gleichung (4.68) sowie
- die Verschiebungsgeschwindigkeit des Lagers $\dot{x}_\alpha$ und
- die resultierende Dämpfungskraft $F_{\text{bear,dry}}$

entlang des Kontaktwinkels α angegeben sind. Unter Berücksichtigung dieser Punkte ist die axiale Kraft daraus einfach berechenbar

$$F_{\text{d,dry,a}} = \sin(\alpha) \cdot F_{\text{d,dry}} . \tag{4.71}$$

Der Verlauf einer resultierenden Dämpfungskraft $F_{\mathrm{d,res}}$, welche sich aus trockener $F_{\mathrm{d,dry}}$ und Schmierfilmdämpfung $F_{\mathrm{d,vis}}$ zusammensetzt

$$F_{\mathrm{d,res}} = F_{\mathrm{d,dry}} + F_{\mathrm{d,vis}}, \tag{4.72}$$

ist in Abbildung 4.14 exemplarisch dargestellt.

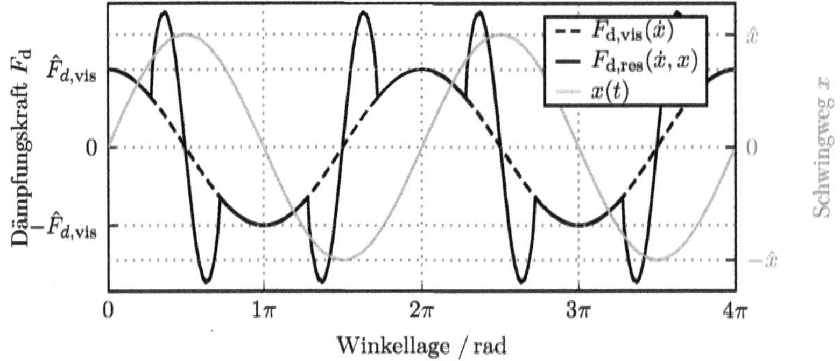

Abb. 4.14: Dämpfungskraft des Rillenkugellagers für $d_{\mathrm{bear,vis}} = 200\,\frac{\mathrm{Ns}}{\mathrm{m}}$ und $\frac{\Psi}{\omega_0} = 2 \cdot 10^{-5}\,\mathrm{s}$ bei einer Frequenz von $f = 220\,\mathrm{Hz}$ und einer Beschleunigungsamplitude von $\hat{\ddot{x}} = 300\,\frac{\mathrm{m}}{\mathrm{s}^2}$.

Die resultierende Dämpfungskraft des Rillenkugellagers in Abbildung 4.14 weist eine deutliche Nichtlinearität auf. Das ist an den zusätzlichen Überhöhungen erkennbar, welche 4 mal in jeder Periode auftreten. Diese stehen in keinem linearen Zusammenhang zu der ebenfalls dargestellten Verschiebung $x(t)$.

4.3.2 Ergebnis

In diesem Abschnitt werden die Berechnungsergebnisse des transienten Berechnungsverfahrens vorgestellt. Um eine bessere Vergleichbarkeit mit den Ergebnissen der höher harmonischen Balance aus Abschnitt 4.2.5 zu gewährleisten, wird dabei sowohl eine einfache Annahme rein viskoser Dämpfung als auch das erweiterte Dämpfungsverhalten, wie es in Abschnitt 4.3.1 vorgestellt wurde, angewendet.

Massen- und Dämpfungsparameter entsprechen weiterhin den Vorgaben der HBM und HHBM aus Tabellen 4.1 und 4.3, werden jedoch zusätzlich um die Angaben in Tabelle 4.4 ergänzt. Die Frequenzänderungsgeschwindigkeit folgt dabei der in ISO16750-3 [42] definierten, exponentiellen Formulierung, so dass für die Anregungsfrequenz f, mit der initialen Frequenz f_0 und einer Steigung b, gilt:

$$f = f_0 \cdot e^{bt}. \qquad (4.73)$$

Tabelle 4.4: Ergänzende Berechnungsparameter für die transiente Berechnung

Parameter		Wert
Zeit	t_sim	$15\,\mathrm{s}$
Startfrequenz	f_0	$50\,\mathrm{Hz}$
Endfrequenz	f_1	$500\,\mathrm{Hz}$
Steigung	b	$\ln(\frac{f_1}{f_0}) \cdot \frac{1}{t_\mathrm{sim}}$
Abtastrate	f_s	$25\,\mathrm{kHz}$

Die Resonanzkurve, wie sie in Abbildung 4.15 in der 1. Ordnung dargestellt ist, wird im Falle der transienten Simulation mittels FFTs berechnet, welche jeweils auf Intervalle von 2^{12} Stützstellen angewendet und anschließend auf die mittlere Anregungsfrequenz bezogen werden.

Vergleich zur höher harmonischen Balance-Methode

Ein Vergleich der Resonanzkurven von HHBM, unter Berücksichtigung von insgesamt sieben Schwingungsordnungen und transienter Simulation, zeigt eine sehr gute Übereinstimmung, wie in Abbildung 4.15 zu sehen ist. Die Abweichungen beider Kurven sind dabei so gering, dass sie erst ab einer Frequenz von etwa $200\,\mathrm{Hz}$ erkennbar sind. Sie nehmen von da an bis zum Erreichen des Sprungpunktes weiter zu und liegen dort bei etwa 8%.

Auffälliger ist allerdings eine Verschiebung der Sprungfrequenz, welche um $\Delta f = 10\,\mathrm{Hz}$ abweicht. Die Ursache dieser Abweichung geht auf zwei Hauptgründe zurück:

- Die transiente Simulation beinhaltet sämtliche, die HHBM hingegen nur sechs Oberschwingungungen.

- Der Sprungpunkt wird spätestens bei einer Phasenlage von $-90°$ erreicht - kann aber auch früher erfolgen. Im Falle der höher harmonischen Balance kann die Phase sehr leicht überprüft werden, weshalb hier von nahezu $90°$ ausgegangen werden kann. Im Fall der transienten Simulation ist eine derartige Überwachung nicht möglich.

Wie bereits in Abschnitt 4.2.5 eingeführt, werden auch hier Phasenportraits zur Untersuchung höherer Ordnungen eingesetzt. Abbildung 4.16 zeigt diese für $f = 100\,\mathrm{Hz}$

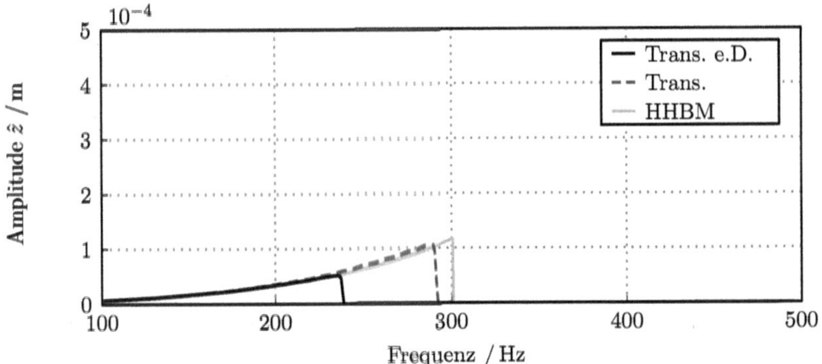

Abb. 4.15: Schwingwege der Lagerbohrung in der 1. Ordnung. Aufgetragen sind die Ergebnisse der transienten Simulation für eine rein viskose Dämpfung (*Trans*) und erweiterte Dämpfung (*e.D.*), sowie das Ergebnis der höher harmonischen Balance-Methode (*HHBM*) mit 7 Ordnungen aus Abbildung 4.11.

und $f = 280\,\text{Hz}$. Im Falle der erweiterten Dämpfung ist das Phasenportrait anstelle von $f = 280\,\text{Hz}$ bei $f = 230\,\text{Hz}$ aufgetragen, um unterhalb des Sprungpunktes zu bleiben.

Sowohl bei $f = 100\,\text{Hz}$ als auch bei $f = 280\,\text{Hz}$ ist gut zu erkennen, dass Schwingungen höherer Ordnungszahl nochmals Einfluss auf den Schwingungsverlauf nehmen. So weist das transiente Ergebnis in Abbildung 4.16a entlang des gesamten Umfangs Oberschwingungen auf, welche in der mittels HHBM erzeugten Kurve nicht auftreten. Abgesehen davon stimmen beide Portraits in ihrem mittleren Verlauf jedoch sehr gut überein.

Größer werden die Abweichungen bei $f = 280\,\text{Hz}$, wie in Abbildung 4.16b erkennbar ist. Das bei der HHBM beobachtbare „Aufweiten" des Portraits am Abszissenabschnitt nimmt bei der transienten Rechnung, unterstützt durch zusätzliche höhere Ordnungen, nochmals zu. Weiterhin ist auch die maximale Amplitude des Schwingweges um etwa $20\,\mu\text{m}$ größer, was entsprechend Abschnitt 4.2.1 die Erklärung für die in Abbildung 4.15 dargestellte, kleinere Sprungfrequenz ist.

Integration der erweiterten Dämpfungsbetrachtung

Eine Formulierung der trockenen Dämpfung im HERTZ'schen Kontakt wurde in Abschnitt 4.3.1 vorgestellt. Eine Integration in das transiente Rotor-Lager-Modell liefert unter Annahme von Gleichung (4.69) die in Abbildung 4.15 sowie 4.16c und (d) dargestellten Ergebnisse. Diese weisen im Vergleich zur transienten Berechnung mit ausschließlich viskoser Dämpfung im Wesentlichen folgende Merkmale auf:

- Die Resonanzkurven verlaufen nahezu identisch. Die Sprungfrequenz fällt jedoch erheblich, auf etwa $f \approx 238\,\mathrm{Hz}$, ab.

- Analog zur ersten Beobachtung zeigt das Phasenportrait bei $f = 100\,\mathrm{Hz}$ keine Unterschiede auf.

- Kurz vor dem Eintreten des Sprunges unterscheiden sich die Phasenportraits deutlich. War die Kurve in Abbildung 4.16b bislang spiegelsymmetrisch zur Ordinatenachse, so wechselt dieses Verhalten in eine Punktsymmetrie zum Ursprung in Abbildung 4.16d. Weiterhin treten Oberschwingungen in den horizontal verlaufenden Bereichen in Abbildung 4.16d auf. Die Amplitude des Schwingweges ist mit $\Delta x(\dot{x} = 0) = 2 \cdot 10^{-5}\,\mathrm{m}$ nur unwesentlich, die Schwingschnelle hingegen mit $\Delta\dot{x} = 0.2\,\mathrm{m}$ deutlich kleiner geworden.

Ursache der abgesunkenen Sprungfrequenz ist die größere Dämpfung des Rotor-Lager-Systems, welche nach Tabelle 4.2 auf Seite 54 die Sprungfrequenz absenkt, ohne den Verlauf qualitativ zu beeinflussen.

Auch die weiteren Beobachtungen hängen mit der geänderten Dämpfungsformulierung zusammen. Während die Dämpfungskraft im rein viskosen Fall lediglich abhängig von der Relativgeschwindigkeit $\dot{q}$ ist, unterliegt sie im erweiterten Fall auch dem Weg bzw. der aktuellen Steifigkeit des Lagers. Deren Verlauf wiederum weist im Bereich kleiner Auslenkungen die größte Krümmung auf. Durchläuft der Rotor somit das Lagerspiel, so dass es zu einem Wirken der nichtlinearen Feder kommt, so ist der Anstieg der Steifigkeit in diesem Moment am größten. Gleichzeitig ist die der Bewegung enthaltene kinetische Energie nahe ihrem Maximum. Insgesamt kommt es daher zu einem starken Anstieg der Dämpfungskraft. In Folge dieser Dämpfungskraft werden die Amplituden der Oberschwingungen ebenfalls gedämpft, so dass das System im Vergleich zu Abbildung 4.16b keine Oberschwingungen mehr im Abszissenabschnitt aufweist.

Im Abszissenabschnitt ist die Feder maximal ausgelenkt und ihre Krümmung in diesem Zustand entsprechend gering. Eine Umkehr der Bewegungsrichtung des Rotors in diesem Punkt bewirkt somit zunächst einen nahezu linearen Abfall des Dämpfungskoeffizienten sowie einen kontinuierlichen Anstieg der Dämpfungskraft, da die Geschwindigkeit kontinuierlich zunimmt. In Folge zeigt das Phasenportrait bis zum Erreichen des Lagerspiels einen nahezu linearen Weg-Schnelle-Verlauf, der erst im Anschluss von Oberschwingungen des Lagerschildes beeinflusst wird.

Die Integration der erweiterten Dämpfungsbetrachtung verändert somit sowohl qualitativ als auch quantitativ den Verlauf der Resonanzkurve, wobei die grundlegenden Wirkmechanismen erhalten bleiben. Auch wenn somit die einfachen Modelle, welche für die Be-

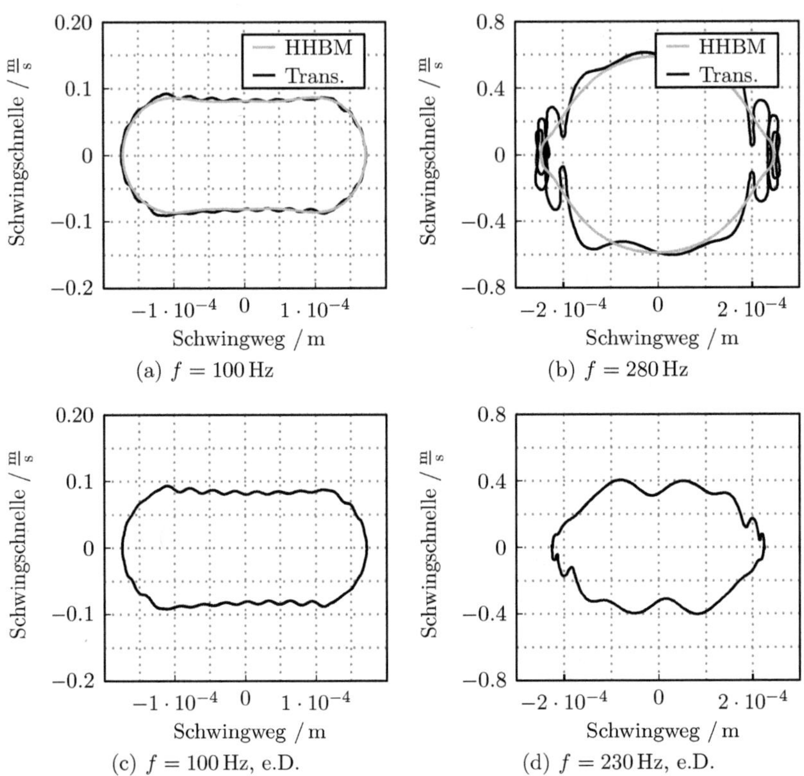

Abb. 4.16: Phasenportraits der Relativbewegung von Rotor und Lagerschild:
(a) & (b) Viskose Dämpfung, (c) & (d) Erweiterte Dämpfung.

rechnungen mithilfe von HBM und HHBM aus Abschnitt 4.2 angewandt wurden, nicht für den experimentellen Abgleich herangezogen werden, sind deren Ergebnisse zum Verhalten der axialen Rotor-Lager-Schwingungen weiterhin gültig, was im folgenden Abschnitt 4.4 anhand einer steigenden Anregungsamplitude $\hat{u}$ bestätigt werden wird.

4.4 Parameterabgleich und Vergleich mit Messwerten

Die Erkenntnisse aus Abschnitt 4.2 und 4.3 werden in diesem Abschnitt im Vergleich zu Messergebnissen betrachtet. Es handelt sich dabei um den in Abbildung 4.3 dargestellten Elektromotor, welcher auf einem Prüfwinkel montiert und mitsamt diesem, durch einen elektrodynamischen Shaker, zu Schwingungen angeregt wird.

Im Folgenden werden zunächst Aufbau und Durchführung der Messung in Abschnitt 4.4.1 kurz vorgestellt. Anschließend werden die bei verschiedenen Anregungsbeschleunigungen ermittelten Schwingungen des Lagerschildes verglichen und den Aussagen zur quantitativen Veränderung aus Tabelle 4.2 gegenübergestellt. In Abschnitt 4.4.3 erfolgt ein Abgleich der Berechnungsparameter, deren Übertragbarkeit auf die verschiedenen Beschleunigungsamplituden weiterhin diskutiert wird.

4.4.1   Messaufbau und Durchführung

Für die Durchführung der Messung wird die elektrische Maschine an ihren äußeren Anschraubpunkten mit dem Prüfwinkel verschraubt.

Gemessen wird die Beschleunigung des Lagerschildes. Hierzu sind 3 piezoelektrische Beschleunigungssensoren im Winkel von $0°$, $120°$, $240°$ mit einem identischen Radius $r = 48\,\mathrm{mm}$ von der Rotationsachse appliziert. Mit Hilfe einer FEM-Berechnung kann der Unterschied der axialen Bewegung von Lagerbohrung und Sensorposition mit 7% beziffert werden und wird im Folgenden damit korrigiert.

Die Anregung des Systems erfolgt nach den in Tabelle 4.5 aufgeführten Rahmenbedingungen.

Tabelle 4.5: Rahmenbedingungen zur Messung

Anregung:	Gleitsinus
Frequenzbereich:	$f = 50...1000\,Hz$
Frequenzänderungsgeschwindigkeit:	1.5 Oktave/Minute
Anregungsamplitude:	$10\,\frac{\mathrm{m}}{\mathrm{s}^2}$
	$20\,\frac{\mathrm{m}}{\mathrm{s}^2}$
	$35\,\frac{\mathrm{m}}{\mathrm{s}^2}$
	$50\,\frac{\mathrm{m}}{\mathrm{s}^2}$
Drehzahl:	$400\,\mathrm{min}^{-1}$, Leerlauf
Messstelle:	Lagerträger
Temperatur:	Raumtemperatur
Kühlung:	Die Maschine wird ohne Kühlmittel betrieben.

Neben einem Frequenzanstieg wird zusätzlich auch ein „*Runterlauf*" des Frequenzsweeps aufgezeichnet. Dieser weist nach Abschnitt 4.2.2 ebenfalls einen „Sprung" auf, welcher sich sowohl in Frequenz als auch in Amplitude von dem des „*Hochlaufs*" unterscheidet.

4.4.2 Ergebnis der Messung

Die gemessene axiale Schwingbeschleunigung ist in Abbildung 4.17 und Abbildung 4.18 für vier verschiedene Anregungsamplituden bei steigender und abfallender Anregungsfrequenz dargestellt. Aufgetragen ist die Einhüllende der Beschleunigung am Lagerschild $\hat{\ddot{x}}_{\mathrm{LS}}$, bezogen auf Anregung $\hat{\ddot{u}}$. Deutlich erkennbar nehmen sowohl Frequenz als auch Amplitude des Sprungpunktes

- von $f = 170\,\mathrm{Hz}$ und $\hat{\ddot{x}}_{\mathrm{LS}} = 6\hat{\ddot{u}} = 60\,\frac{\mathrm{m}}{\mathrm{s}^2}$ bei $\hat{\ddot{u}} = 10\,\frac{\mathrm{m}}{\mathrm{s}^2}$

- bis $f = 260\,\mathrm{Hz}$ und $\hat{\ddot{x}}_{\mathrm{LS}} = 26\hat{\ddot{u}} = 1300\,\frac{\mathrm{m}}{\mathrm{s}^2}$ bei $\hat{\ddot{u}} = 50\,\frac{\mathrm{m}}{\mathrm{s}^2}$

mit steigender Anregungsbeschleunigung $\hat{\ddot{u}}$ zu.

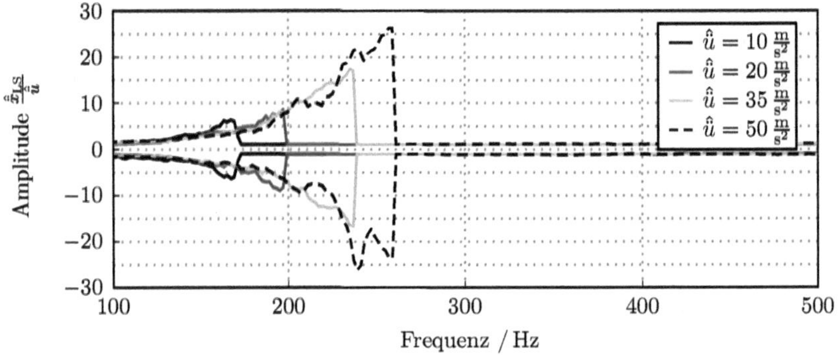

Abb. 4.17: Gemessener Beschleunigungsverlauf am Lagerschild als Einhüllende vier verschiedener Anregungamplituden $\hat{\ddot{u}}$ bei steigender Anregungsfrequenz

Die einzelnen Kurven in Abbildung 4.17 weisen ein hohes Maß an Parallelität auf, welches insbesondere im niederfrequenten Bereich von $f < 170\,\mathrm{Hz}$ gut erkennbar ist. Nehmen mit steigender Frequenz die Beschleunigungen und somit die Kräfte auf das Kugellager, das Lagerschild und den Prüfstand als Ganzes zu, so entstehen Abweichungen, wie sie z.B. im Bereich von $180\,\mathrm{Hz} < f < 230\,\mathrm{Hz}$ zwischen der Kurve bei $\hat{\ddot{u}} = 35\,\frac{\mathrm{m}}{\mathrm{s}^2}$ und $\hat{\ddot{u}} = 50\,\frac{\mathrm{m}}{\mathrm{s}^2}$ erkennbar sind.

Bei $f = 250\,\mathrm{Hz}$ tritt ein deutlicher Einbruch der Kurve mit $\hat{\ddot{u}} = 50\,\frac{\mathrm{m}}{\mathrm{s}^2}$ im negativen Verlauf auf und bleibt auch bei mehrfacher Versuchsdurchführung erhalten. Grund dieses Phänomens ist der Versuchsaufbau, welcher nur einen begrenzten Schwingweg des Lagerschildes ermöglicht. Wird dieser überschritten, kommt es zu einem Kontakt des Lagerträgers und des Prüfaufbaus und somit zu einer Beeinflussung der Ergebnisse. Die Kurve bei einer Anregung von $\hat{\ddot{u}} = 50\,\frac{\mathrm{m}}{\mathrm{s}^2}$ wird daher in der weiteren Diskussion nicht berücksichtigt.

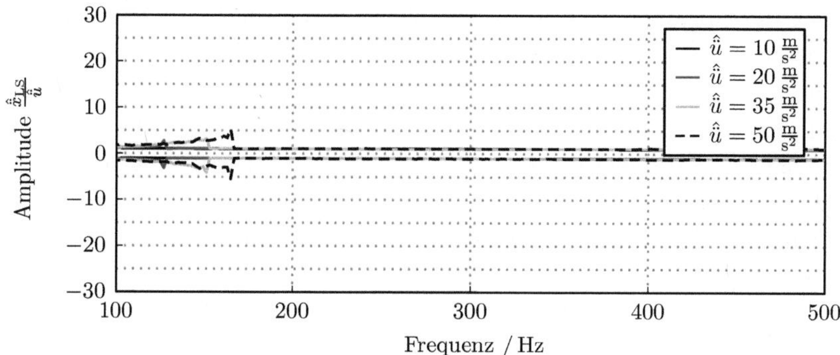

Abb. 4.18: Gemessener Beschleunigungsverlauf am Lagerschild als Einhüllende vier verschiedener Anregungamplituden $\hat{\hat{u}}$ bei fallender Anregungsfrequenz

In Abbildung 4.18 sind die Beschleunigungen am Lagerschild für fallende Anregungsfrequenzen aufgetragen. Im Vergleich mit Abbildung 4.17 fallen die deutlich kleineren Sprungfrequenzen sowie Sprungamplituden auf. Weiterhin unterliegen Amplitude und Frequenz des Sprungpunktes auch bei fallenden Anregungsfrequenzen dem Einfluss der Anregungsbeschleunigung $\hat{\hat{u}}$. Beide steigen mit größer werdendem $\hat{\hat{u}}$ an. Bei $\hat{\hat{u}} = 10\,\frac{\mathrm{m}}{\mathrm{s}^2}$ sind sie bereits derart gering, dass sie in der Abbildung nicht mehr abgelesen werden können.

Eine Gegenüberstellung der Ergebnisse aus Abbildung 4.17 und Abbildung 4.18 zur Einflussanalyse in Abschnitt 4.2.2 zeigt eine gute Übereinstimmung in allen drei Beobachtungen:

Unterschied zwischen steigender und fallender Anregungsfrequenz:
Die in Abbildung 4.17 und 4.18 deutlich hervortretenden Unterschiede in Amplitude und Frequenz des Sprungpunktes wurden bereits in Abschnitt 4.2.2 diskutiert und können mit den vorliegenden Messergebnissen bestätigt werden.

Zunahme der Sprungfrequenz mit größerer Anregungsbeschleunigung:
Die Einflussanalyse weist in Abbildung 4.9c einen deutlichen Anstieg der Sprungfrequenz im oberen Pfad auf. Im unteren Pfad verschiebt sich der Sprungpunkt lediglich um ca. 10 Hz bei doppelter Anregungsbeschleunigung. Die Verschiebung der Sprungfrequenzen tritt auch in den Messungen deutlich hervor. In der Messung beträgt die Verschiebung zwischen $\hat{\hat{u}} = 20\,\frac{\mathrm{m}}{\mathrm{s}^2}$ und $\hat{\hat{u}} = 35\,\frac{\mathrm{m}}{\mathrm{s}^2}$ beim Frequenzanstieg - welcher den oberen Pfad anregt - etwa $\Delta f = 50\,\mathrm{Hz}$ und beim Frequenzabfall nur etwa $\Delta f = 30\,\mathrm{Hz}$.

Zunahme der Sprungamplitude mit größerer Anregungsbeschleunigung:

Mit der Frequenz steigt in der Messung auch die Amplitude des Sprungpunktes mit zunehmendem $\hat{u}$. Auch dieses Phänomen ist in Abbildung 4.9c erkennbar und tritt vor allem im oberen Pfad deutlich hervor. Die Amplitude des Schwingweges im unteren Sprungpunkt ist in der Einflussanalyse kaum verändert. Wird die Sprungamplitude jedoch als Beschleunigung angegeben, wie es in den Messungen der Fall ist, so ergibt sich aufgrund des Zusammenhanges

$$\hat{\hat{x}} \sim \hat{x}\omega^2 \tag{4.74}$$

mit zunehmender Anregungsbeschleunigung $\hat{u}$ aus der Einflussanalyse eine steigende Beschleunigungsamplitude im Sprungpunkt des unteren Pfades. Der Unterschied in der Beschleunigungsamplitude des Sprungpunktes ist nicht so ausgeprägt wie im oberen Pfad und stimmt somit qualitativ mit den Messergebnissen überein.

4.4.3 Abgleich der Berechnungsparameter

Nicht alle der in Tabelle 4.1, 4.3 und 4.4 aufgeführten Parameter müssen anhand der Rechenergebnisse abgeglichen werden. Steifigkeit und Masse des Lagerschildes wurden beispielsweise mit FE-Methoden, nach dem in Abschnitt 4.1 vorgestellten Verfahren, ermittelt. Sie werden weiterhin als ausreichend genau betrachtet und nicht verändert. Gleiches gilt auch für den Dämpfungskoeffizienten des Lagerschildes, welcher mithilfe einer experimentellen Modalanalyse ermittelt wurde.

Für den Abgleich verbleiben somit

- die Dämpfungswerte des Kugellagers,
- die axiale Lagerluft; sie kann von Kugellager zu Kugellager variieren.

Anstelle der Gesamtbeschleunigung werden die Parameter mithilfe der einzelnen, ungeraden Ordnungen der Lagerschildschwingung angepasst. Die Ergebnisse mit $\hat{u} = 50\,\frac{\mathrm{m}}{\mathrm{s}^2}$ werden hierbei vernachlässigt, da sie durch den elektrodynamischen Shaker übermäßig beeinflusst sind.

Tabelle 4.6 umfasst die ermittelten Werte. Ihre Anwendung liefert den in Abbildung 4.19 dargestellten Vergleich von Messung und Simulation in der 1. und 3. Ordnung bei drei verschiedenen Anregungsbeschleunigungen $\hat{u}$ sowie das in 4.19d dargestellte Phasenportrait.

Die beste Übereinstimmung von Messung und Simulation ist bei einer Anregung von $\hat{u} = 35\,\frac{\mathrm{m}}{\mathrm{s}^2}$ erkennbar. Die 1. Ordnung von Messung und Simulation verläuft hier deckungsgleich.

In der 3. Ordnung ist die berechnete Resonanzkurve parallel entlang der Ordinatenachse verschoben. Die Abweichung beträgt etwa 20% im Sprungpunkt.

Bei $\hat{u} = 20\,\frac{\text{m}}{\text{s}^2}$ in Abbildung 4.19b nehmen die Abweichungen zu. Sie betreffen jedoch nicht die Sprungfrequenz, sondern sind auf die Amplitude beschränkt. Diese weicht in der 1. Ordnung um etwa 20%, in der 3. Ordnung um etwa 45% im Sprungpunkt ab.

Abbildung 4.19a weist die größte Diskrepanz in den Kurven auf. Sie betreffen sowohl Amplitude als auch Frequenz des Sprungpunktes. Erstere ist vor allem in der 3. Ordnung erkennbar, hier weichen die Amplituden um etwa 40% ab. In der 1. Ordnung ist der Unterschied mit etwa 10% deutlich kleiner.

Die Frequenz, bei welcher der Sprung erfolgt, beträgt bei der berechneten Kurve etwa $f = 150\,\text{Hz}$ und ist damit um $30\,\text{Hz}$ tiefer als der Messwert.

Tabelle 4.6: Abgeglichene Berechnungsparameter der transienten Berechnung

Parameter		Wert
Axiales Lagerspiel	G_a	$36.38\,\mu\text{m}$
Viskose Lagerdämpfung	$d_\mathrm{bear,vis}$	$1000\,\frac{\text{Ns}}{\text{m}}$
Kontaktdämpfung	$\frac{\Psi}{\omega_0}$	$2.1 \cdot 10^{-4}\,\text{s}$

Das Phasenportrait in Abbildung 4.19d wurde unter Anwendung einer numerischen Integration der Messwerte erstellt

$$\dot{x}_i = \frac{1}{f_\mathrm{s}} \sum_{k=1}^{i} \ddot{x}_k - \Xi(i)\,, \tag{4.75}$$

wobei Ξ einem gleitenden Mittelwert entspricht, der ein integrationsbedingtes Driften der Kurve verhindert.

Entsprechend unterliegt das derart ermittelte Phasenportrait einer integrationsbedingten Streuung. Die gute Übereinstimmung von Simulation und Versuch ist dennoch als Indikation für eine gute Modellierung der Rotor-Lager-Schwingung bewertbar.

4.5   Ergebnis

Die in elektrischen Maschinen eingesetzten Rotoren werden mithilfe von Wälzlagern in ihrer radialen und axialen Raumrichtung gelagert. Bedingt durch die nichtlineare Steifigkeit der Lagerung und die Trägheit des Rotors, entsteht daraus eine schwingfähige Einheit, welche Eigenschaften eines nichtlinearen Resonators aufweist.

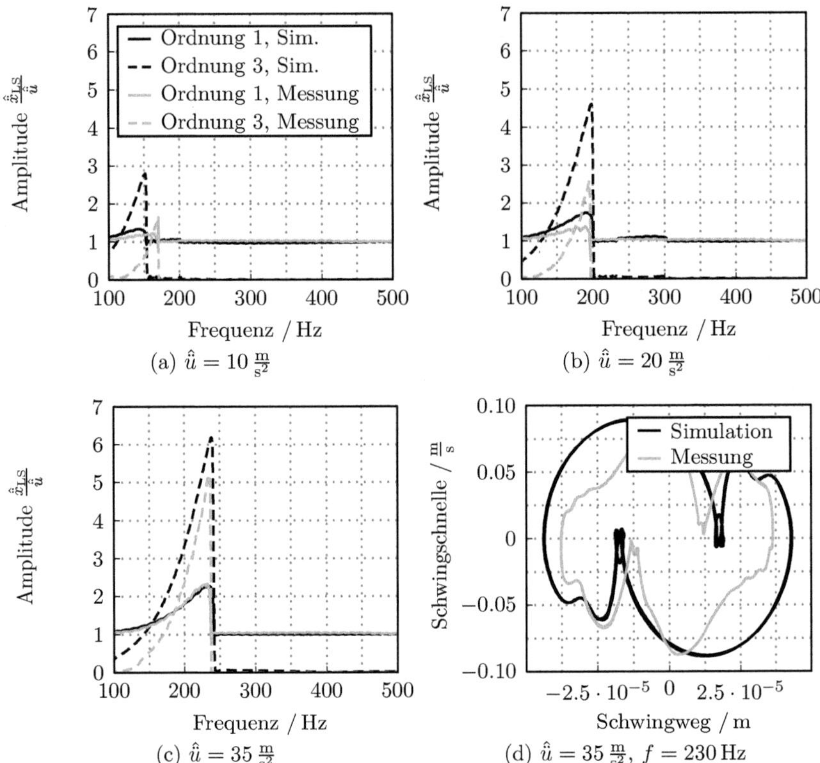

Abb. 4.19: Vergleich von Messung und Simulation als Resonanzkurve in 1. und 3. Ordnung in (a), (b) und (c) sowie als Phasenportrait in (d) für $\hat{\hat{u}} = 35\,\frac{\text{m}}{\text{s}^2}$.

Unter der vereinfachten Annahme einer rein viskosen Dämpfungseigenschaft des Kugellagers wurden in Abschnitt 4.2 zwei Lösungsverfahren, basierend auf dem Ansatz der harmonischen und höher harmonischen Balance, vorgestellt.

Die Erweiterung der Dämpfungsbetrachtung in Abschnitt 4.3 auf den Wälzkörper-Laufbahn-Kontakt zeigt einen deutlichen quantitativen Einfluss auf die Resonanzkurve, welcher sich vor allem in der Sprungfrequenz widerspiegelt. In Folge dessen bleibt zwar die Gültigkeit der in Abschnitt 4.2 formulierten Erkenntnisse bestehen, jedoch ist für eine genauere Beschreibung des Systems ein transientes Simulationsmodell erforderlich.

Der in Abschnitt 4.4 vorgestellte Vergleich des abgeglichenen, transienten Modells mit den dem Abgleich zugrundeliegenden Messwerten zeigt gerade bei höheren Anregungsbeschleunigungen ein hohes Maß an Übereinstimmung. Dieses Modell wird im weiteren Verlauf der Arbeit zur Simulation der axialen Schwingungseigenschaften angewandt.

5 Schwingungen der Anbauposition

In Kapitel 3 und 4 wurden Schwingungsmechanismen der elektrischen Maschine aufgezeigt, welche deren dynamisches Verhalten maßgeblich bestimmen. Zusätzlich spielt die Betriebsart und die Schwingung der Anbauposition eine erhebliche Rolle für die resultierende Belastung einer elektrischen Maschine im Elektro- oder Hybridfahrzeug, welche auf der Hinterachse betrieben wird. Beide letzteren Einflussgrößen werden in diesem Kapitel anhand von Fahrzeugmessungen bestimmt und einem Normprofil nach ISO 16750 [42] gegenübergestellt.

Zunächst wird die Fahrzeugmessung mit einem Messzyklus durchgeführt, welcher die Standardbelastung anhand einer Strecke in und um die Stuttgarter Innenstadt nachstellt. Dieser, im weiteren Verlauf als *„Standardlastfall"* bezeichnete Zyklus, wird in Abschnitt 5.1 vorgestellt. Im Anschluss daran werden in Abschnitt 5.2 Sonderlastfälle, wie das Fahren auf Autobahnen, Beschleunigungsfahrten oder Schlechtwegstrecken untersucht. Eine Kombination verschiedener Lastfälle und deren Einfluss auf das Schwingungskollektiv an der elektrischen Maschine werden in Abschnitt 5.3 dargestellt. Das Normprofil nach ISO16750 wird in Abschnitt 5.4 vorgestellt und quantitative bzw. qualitative Unterschiede zum Standardlastfall diskutiert. In Abschnitt 5.5 werden schließlich die Ergebnisse des Kapitels zusammengefasst.

5.1 Fahrzeugmessung im Standardlastfall

Als Standardlastfall eines Fahrzeuges wird in dieser Arbeit ein Messzyklus verstanden, welcher die über die Lebensdauer eines Fahrzeuges auftretenden Belastungen repräsentiert. In der Regel beschreiben derartige Lastzyklen Geschwindigkeits-Zeit Profile, welche vom Fahrzeug nachgefahren werden müssen. Insbesondere die zunehmenden Anforderungen an Verbrauch und CO_2-Emission sind Treiber der Einführung standardisierter Zyklen, da sie

- die Generierung reproduzierbarer Ergebnisse in Versuchen oder Simulationen
- einen Vergleich von Fahrzeugen hinsichtlich Verbrauch und CO_2-Emission

ermöglichen.

NEUDORFER et al. [58] geben einen guten Überblick über die derzeit wichtigsten Fahrzyklen. Sie heben dabei, aufgrund ihrer Bedeutung für die Märkte in Europa, den Vereinigten Staaten und Japan, drei Zyklen hervor:

- NEDC - New European Driving cycle

- Japan 10-15 Mode

- UDDS - Urban Dynamometer Driving Schedule

Derartige, zum Teil synthetische Geschwindigkeitsprofile, sind unter realen Verkehrsbedingungen nicht reproduzierbar und werden daher experimentell auf Rollenprüfständen nachgefahren. Dies bietet zwar die oben beschriebenen Vorteile hinsichtlich Vergleich- und Reproduzierbarkeit, jedoch ist das Ableiten repräsentativer Lastkollektive hinsichtlich der Schwingungen einzelner Komponenten damit nicht möglich, da sowohl Umgebungsbedingungen als auch Fahrbahnunebenheiten nicht berücksichtigt sind.

Die Ableitung eines Lastkollektivs der elektrischen Maschine erfolgt daher anhand eines eigenen Standardlastfalls. Es handelt sich dabei um einen Mischzyklus, welcher sich, bezogen auf die Fahrstrecke, zu etwa gleichen Teilen aus Stadt- und Überlandfahrten zusammensetzt. Autobahnfahrten sind in diesem Zyklus nicht enthalten. Grund ist, dass das abgebbare Drehmoment sowie der Wirkungsgrad der elektrischen Maschine bei hohen Geschwindigkeiten nachlässt und aufgrund dessen ein elektrisches- oder sogar mechanisches Trennen der Maschine vom Triebstrang erfolgt.
Weiterhin weisen Hybridfahrzeuge gerade bei Stadtfahrten ein großes Sparpotential hinsichtlich Energieverbrauch und CO_2-Ausstoß auf. Es wird daher von einer hauptsächlichen Nutzung im Stadtverkehr ausgegangen. Die Relevanz von Bereichen hoher Geschwindigkeit ist somit eingeschränkt und das Fahren auf Autobahnen ein Sonderlastfall, welcher in Abschnitt 5.2 behandelt wird.

Tabelle 5.1 stellt die Randbedingungen des Stuttgart-Zyklus den von NEUDORFER et al. als wichtig hervorgehobenen Zyklen NEDC, Japan 10-15 Mode und UDDS gegenüber. Es ist deutlich erkennbar, dass die gefahrene Distanz sowie die Dauer des Stuttgart-Zyklus die Vergleichszyklen etwa um den Faktor 3 übertrifft. Die daraus resultierende mittlere Geschwindigkeit, relative Totzeit sowie die Maximalgeschwindigkeit liegen jedoch stets im Bereich der Vergleichszyklen.

Tabelle 5.1: Vergleich der Randbedingungen verschiedener Fahrzyklen

	Stuttgart-Zyklus	NEDC	Japan 10-15 Mode	UDDS
Gesamtdauer / s	3070	1180	660	1369
Distanz / km	29	11.02	4.16	11.99
Mittlere Geschwindigkeit / km/h	28.2	33.6	22.7	31.5
Relative Totzeit	18.2%	23.7%	31.4%	17.6%
Maximalgeschwindigkeit / km/h	105	120	70	91.3

Die geringste Abweichung des Stuttgart-Zyklus kann zum UDDS-Zyklus festgestellt werden, dessen Randbedingungen mittlere und maximale Geschwindigkeit sowie relative Totzeit um weniger als 13% vom Stuttgart-Zyklus abweichen.

Abbildung 5.1 zeigt einen typischen Geschwindigkeitsverlauf des Stuttgart-Zyklus. Er ist durch eine Vielzahl von „Stop- and Go" Vorgängen, vor allem zwischen 1000 s und 1500 s sowie von 2500 s bis 3000 s, gekennzeichnet. Weiterhin treten die Bereiche von 200 s bis 500 s und 1500 s bis 2000 s hervor, da sie vergleichsweise hohe Geschwindigkeiten von etwa 60 km/h bis 105 km/h über längere Zeiträume aufweisen, welche aus den Überlandfahrten resultieren.

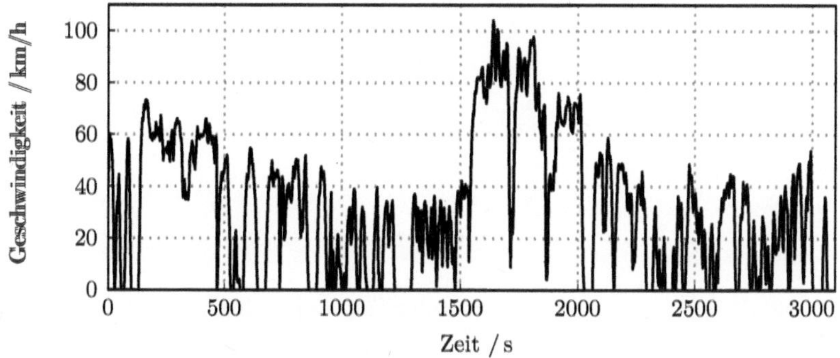

Abb. 5.1: Stuttgart-Zykus: Geschwindigkeitsprofil

Die Schwingung der Elektrischen Maschine wird mittels piezoelektrischer Beschleunigungsaufnehmer gemessen. Die Sensoren sind an der Verschraubung der elektrischen Maschine am Getriebe sowie auf dem Gehäuse der Maschine appliziert. Über erstere lassen sich eingeleitete Schwingungen feststellen und mit dem aus Kapitel 4 erarbeiteten Verfahren der transienten Simulation hinsichtlich der Anregung nichtlinearer Rotor-Lager-Schwingungen bewerten. Letztere Position ist nach Kapitel 3 besonders für die Messung elektromagnetisch erregter Schwingungen geeignet, deren Einfluss damit bewertet werden kann.

Für eine weitere Betrachtung der Messungen wird das in Abbildung 5.2 definiert Koordinatensystem angewandt. Die Achse der elektrischen Maschine verläuft parallel zur Hinterachse des Fahrzeuges, welche der Richtung x entspricht.

Die Schwingungen der elektrischen Maschine sind in Abbildung 5.3a als Kollektiv des gesamten Standardlastfalls (Index: std) für den Anschraubpunkt aufgetragen. Der gemessene Beschleunigungsverlauf wird hierfür gemäß Gleichung (4.75) zweifach integriert und anschließend unter Anwendung des *Rainflow*-Verfahrens klassiert, vgl. HAIBACH [28]. Es

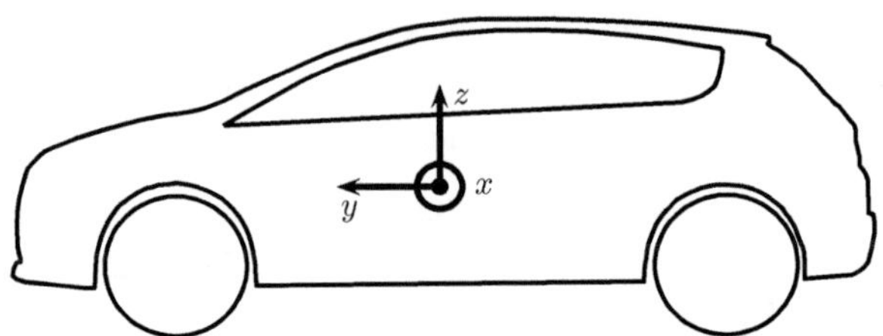

Abb. 5.2: Koordinatensystem im Fahrzeug

ist eine maximale Amplitude von etwa

$$\hat{s}_{\text{std,y/z}} \approx 5 \cdot 10^{-5}\,\text{m} \tag{5.1}$$

erkennbar, welche in y- und z-Richtung auftritt. Schwingungen in axialer Richtung der elektrischen Maschine liegen mit

$$\hat{s}_{\text{std,x}} \approx 3 \cdot 10^{-5}\,\text{m} \tag{5.2}$$

darunter. Dies ist auch im weiteren Verlauf der Fall, wobei sich die Amplituden mit steigender Schwingspielzahl deutlich annähern. Bei etwa $N = 8 \cdot 10^4$ Schwingspielen schneiden sich die Kurven und es treten bei identischer Amplitude mehr Schwingspiele in x-Richtung auf.

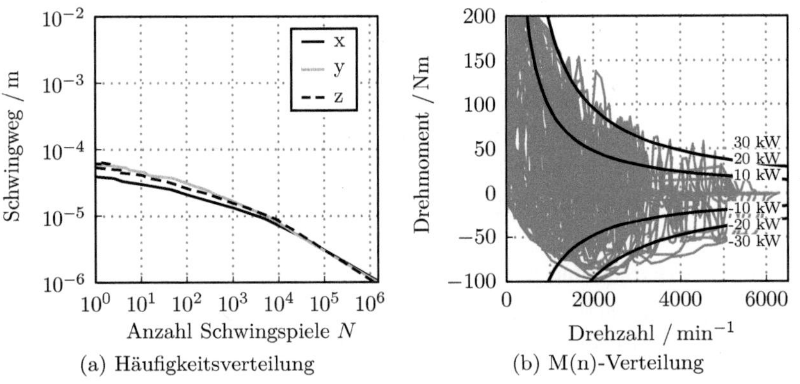

(a) Häufigkeitsverteilung   (b) M(n)-Verteilung

Abb. 5.3: Stuttgart-Zyklus: (a) Schwingungskollektiv an der elektrischen Maschine, (b) Betriebszustände als M(n)-Verteilung

Neben den mechanischen Lasten zeigt Abbildung 5.3b die aus dem Geschwindigkeitsprofil in Abbildung 5.1 resultierende Anforderung an die elektrische Maschine hinsichtlich Drehzahl und Drehmoment. Negatives Drehmoment kennzeichnet hierbei ein generatorisches Bremsmoment, welches zur Rekuperation eingesetzt wird. Analog repräsentiert negative Leistung die Rückspeisung von Bremsenergie in die Batterie des Fahrzeugs.

Die einzelnen Punkte sind in Abbildung 5.3b mit einem zeitlichen Abstand von $0.5\,\text{s}$ aufgetragen. Es ist gut zu erkennen, dass die Maschine hauptsächlich im unteren Drehzahlbereich von $0 - 6000\,\text{min}^{-1}$ betrieben wird. Die maximale Leistung beträgt sowohl generatorisch als auch motorisch maximal $30\,\text{kW}$, in den meisten Fällen jedoch weniger als $20\,\text{kW}$. Entsprechend liegt das maximale Drehmoment von $M = 200\,\text{Nm}$ nur im unteren Drehzahlbereich von $n < 800\,\text{min}^{-1}$ an.

5.2 Fahrzeugmessung im Sonderlastfall

Neben dem Standardlastfall aus Abschnitt 5.1 wirken über die Lebensdauer von Fahrzeugen auch Sonderereignisse auf die elektrische Maschine ein. Sie werden in diesem Kapitel gesondert betrachtet. In 5.2.1 und 5.2.2 werden mit Autobahn- und Beschleunigungsfahrt betriebsbedingte, in 5.2.3 fahrbahnbedingte Sonderlastfälle untersucht.

5.2.1 Autobahnfahrt

Abbildung 5.4a zeigt das Geschwindigkeitsprofil einer Autobahnfahrt. Sie beginnt bei etwa $25\,\text{s}$ mit der Auffahrt und einer entsprechenden Beschleunigung. Im Anschluss bleibt das Profil von $45\,\text{s}$ bis $135\,\text{s}$ bei einer Geschwindigkeit von über $100\,\text{km/h}$. Zum Ende des Profils wird das Fahrzeug abgebremst und die Autobahn verlassen.

Die Schwingspielzahl in Abbildung 5.4b ist auf eine Distanz von $29\,\text{km}$ skaliert und entspricht somit der Distanz des Stuttgart-Zyklus aus Abbildung 5.3a. Wie auch zuvor im Standardlastfall unterscheiden sich die Belastungen der Raumrichtungen. Während die Charakteristik der Kurven in $y-$ und $z-$Richtung sehr ähnlich ist, weicht der Verlauf in $x-$Richtung ab. Der maximale Schwingweg ist in dieser Raumrichtung, wie auch im Standardlastfall, geringer. Im Gegensatz zum Standardlastfall schneiden sich die Kurven bei höheren Schwingspielzahlen jedoch nicht, sondern nähern sich an. In Folge verlaufen die Kurven ab etwa $N = 10^4$ Schwingspielen nahezu deckungsgleich.

Insgesamt ist im Vergleich zum Standardlastfall die Belastung in allen Raumrichtungen geringer, da sowohl Schwingspielzahl als auch Amplitude unter diesem liegen.

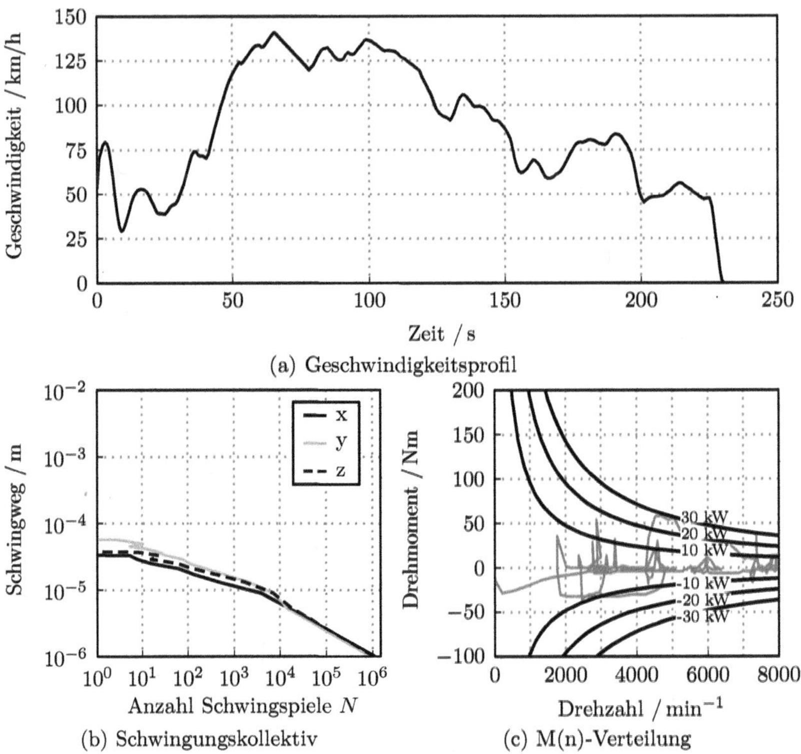

Abb. 5.4: Autobahnfahrt: (a) Geschwindigkeitsprofil, (b) Schwingungskollektiv
der elektrischen Maschine, (c) Betriebszustände als M(n)-Verteilung

Die M(n)-Verteilung aus Abbildung 5.4c zeigt gleichzeitig einen Betrieb der E-Maschine
mit geringem Drehmoment auf, wobei die Leistung aufgrund der hohen Drehzahlen durch-
aus auf bis zu 30 kW motorisch ansteigt.

5.2.2 Beschleunigungsfahrt

Neben dem Autobahnzyklus wird in diesem Abschnitt eine einzelne Beschleunigungsfahrt untersucht. Sie ist nach Abbildung 5.5a durch eine Beschleunigung von 30 km/h
auf 130 km/h in einem Zeitfenster von 20 s und einem anschließenden Abbremsen gekennzeichnet. Die Schwingspielzahl ist im Kollektiv aus Abbildung 5.5b auf 29 km skaliert.
Aufgrund der geringen Distanz dieses Sonderlastfalls ist ein Vergleich der Raumrichtungen hier erschwert. Die Tendenzen aus dem vorangegangenen Sonderlastfall der Auto-

bahnfahrt, bei welchem die x-Richtung durch eine kleinere Amplitude gekennzeichnet war, kann jedoch bestätigt werden.

Insgesamt weist auch dieses Profil keine größere Belastung als der Standardlastfall auf.

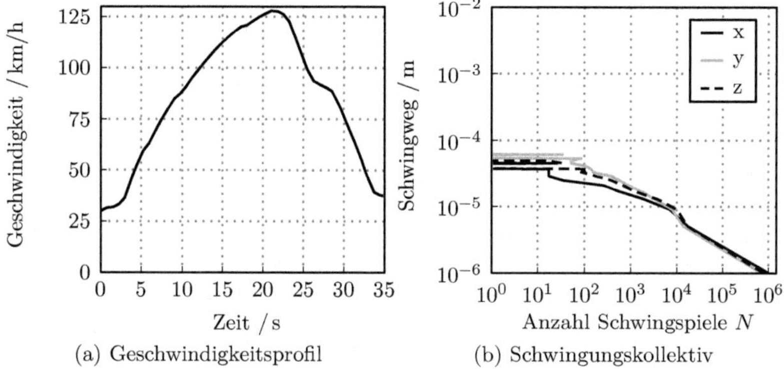

(a) Geschwindigkeitsprofil

(b) Schwingungskollektiv

Abb. 5.5: Beschleunigungsfahrt: (a) Geschwindigkeitsprofil, (b) Schwingungskollektiv der elektrischen Maschine

5.2.3 Schlechtwegstrecken

Während in den vorangegangenen Sonderlastfällen besondere Fahrzustände untersucht wurden, sollen im Folgenden Fahrbahnunebenheiten als Einflussfaktoren auf die Schwingbelastung der elektrischen Maschine untersucht werden. Hierzu werden auf einer Teststrecke drei verschiedene Bodenbeläge mit konstanter Geschwindigkeit überfahren und verglichen:

Tabelle 5.2: Vergleich verschiedener Schlechtwegstrecken

	Kopfsteinpflaster	Waschbrettstrecke	Schwellenstrecke
Geschwindigkeit	42 km/h	50 km/h	40 km/h
Distanz	859 m	82 m	82 m
Beschreibung	-	Fahrbahnstruktur mit periodisch angeordneten, abgerundeten Vertiefungen.	Fahrbahnstruktur mit Schwellen, deren Abstand entlang der Strecke variiert. Linkes und rechtes Rad einer Achse können gleichzeitig oder versetzt auf der Schwelle auftreffen.

Die Ergebnisse dieses Abschnitts sind in Abbildung 5.6 dargestellt. Sie sind, im Gegensatz zu den vorangegangenen Sonderlastfällen, nicht auf die Strecke des Standardlastfalls skaliert, da der Vergleich der maximalen Amplitude des Schwingweges von vorrangigem Interesse ist.

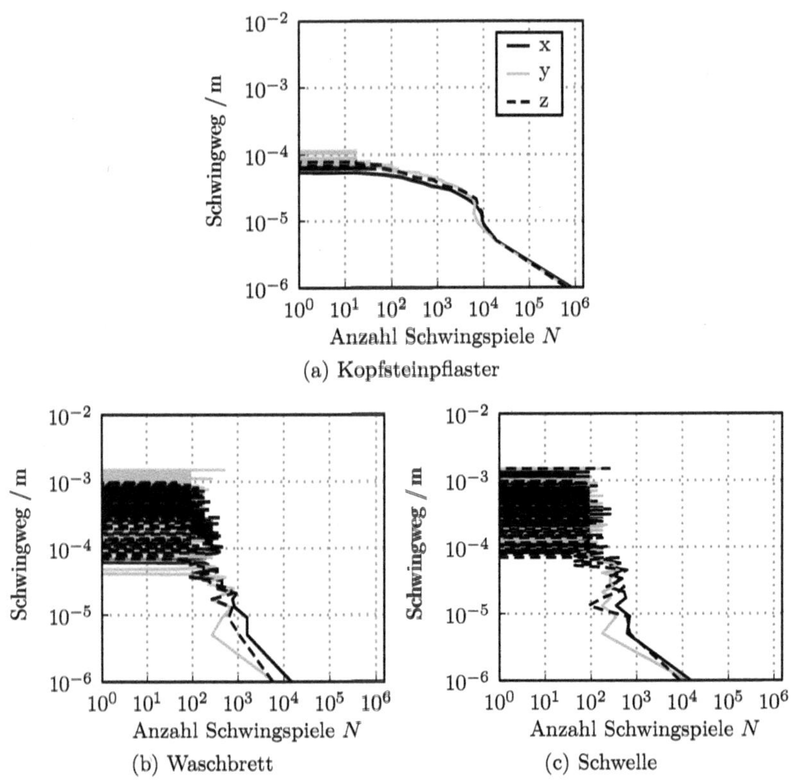

(a) Kopfsteinpflaster

(b) Waschbrett   (c) Schwelle

Abb. 5.6: Schwingungskollektiv der elektrischen Maschine bei Sonderlastfällen: (a) Kopfsteinpflaster, (b) Waschbrettstrecke, (c) Schwellenstrecke

Das Kopfsteinpflaster (Index: KS) weist nach Abbildung 5.6a im Maximum etwa die doppelte Amplitude des Standardlastfalls auf

$$\hat{s}_{\mathrm{KS}} \approx 10^{-4}\,\mathrm{m} > \hat{s}_{\mathrm{Std}} \approx 5 \cdot 10^{-5}\,\mathrm{m}\,. \tag{5.3}$$

Bei der Fahrt auf Waschbrett und Schwellenstrecke treten hingegen einzelne Schwingungen mit deutlich größeren Amplituden auf. Sie betragen im Maximum bis zu $\hat{x} = 30\,\mu\mathrm{m}$ und übersteigen somit die maximale Amplitude des Standardlastfalls aus Abschnitt 5.1 um mehr als eine Zehnerpotenz. Diese Sonderlastfälle stellen somit die größte mechanische Belastung der elektrischen Maschine dar.

5.3 Kombination der Lastfälle

In den vorangegangenen Abschnitten 5.1 und 5.2 wurden der Standardlastfall sowie verschiedene Sonderlastfälle in Form von Schwingungskollektiven betrachtet. Der Einfluss verschiedener Sonderlastfälle auf das Schwingungskollektiv einer kombinierten Belastung, beispielsweise aus Standardlastfall, Autobahn und Kopfsteinpflaster, lässt sich über einfache Addition der Schwingspiele berechnen.

Im Folgenden werden vier verschiedene Lastkombinationen angenommen und ihr Schwingungskollektiv auf eine Fahrzeuglebensdauer von 300000 km skaliert. Ein Überblick der verschiedenen Kombinationen mit einem prozentualen Anteil der jeweiligen Lastfälle ist in Tabelle 5.3 dargestellt:

Tabelle 5.3: Kombination gemessener Lastfälle zu Lasttypen

	Autobahn	Durchschnitt	Stadt	Schlechtweg
Stuttgart-Zyklus	50%	73.6%	90%	50%
Autobahn	44%	22.4%	0%	0%
Beschleunigung	5%	0%	4%	0%
Kopfsteinpflaster	1%	2%	3%	15%
Waschbrett	0%	1%	2%	20%
Schwelle	0%	1%	1%	15%

Die Typen „Autobahn" und „Schlechtweg" stellen in Tabelle 5.3 Extremfälle der Belastung dar. So enthält der Lasttyp Autobahn keine Anteile von Waschbrett oder Schwellenstrecke. Im krassen Gegensatz hierzu steht der Lasttyp „Schlechtweg" welcher 35% der Fahrzeugnutzung auf Waschbrett- und Schwellenstrecken vorsieht, was einer Gesamtstrecke von 105000 km entspricht. In den Lasttypen „Durchschnitt" und „Stadt" repräsentieren Waschbrett- und Schwellenstrecke u.a. das Fahren über Kanaldeckel, Schwellen, Bahnübergänge sowie das Auf- und Abfahren auf Gehwege.
Der Autobahnanteil des Fahrtyps „Durchschnitt" entspricht den Angaben des statistischen Landesamtes Baden-Württemberg [78] für 2009. Die Angabe von je 1% Fahrleistung auf Waschbrett- und Schwellenstrecke ergibt eine durchschnittliche Anzahl von etwa 15 der oben genannten Ereignisse pro Straßenkilometer auf Stadt- und Überlandstraßen, welche den ohnehin im Stuttgart-Zyklus erfassten Ereignissen addiert wird. Ihr Anteil nimmt entsprechend beim Stadtfahrer zu.

Die resultierenden Kollektive der verschiedenen Fahrertypen sind in Abbildung 5.7 dargestellt. Es ist gut zu erkennen, dass der Autobahnfahrer in Abbildung 5.7a sowohl hinsichtlich Amplitude als auch Anzahl an Schwingspielen das geringste Schwingungskollektiv
aufweist. Hauptgrund hierfür ist die Vernachlässigung von Waschbrett- und Schwellenstrecke.

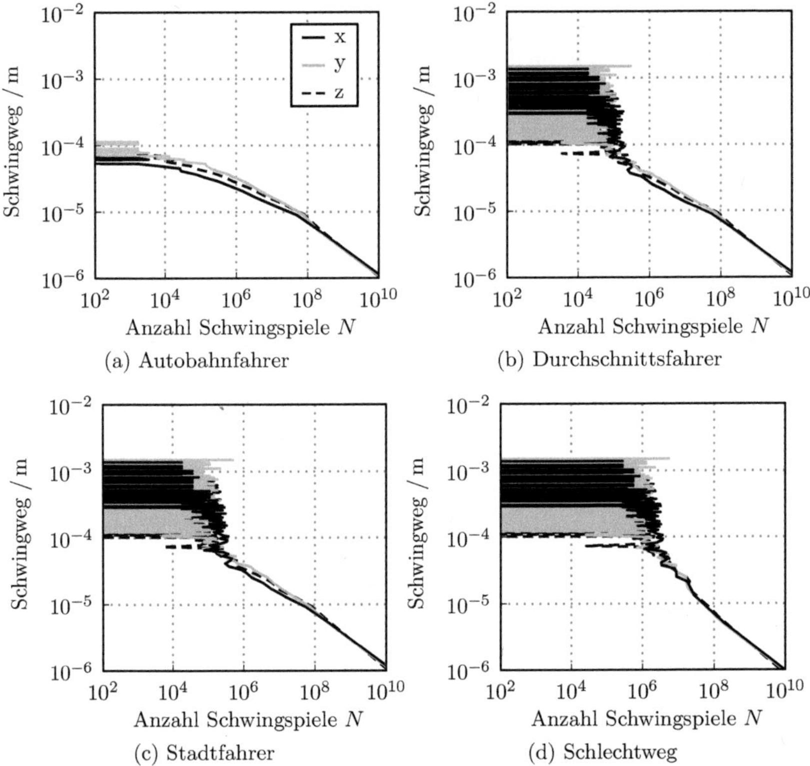

Abb. 5.7: Vergleich der Schwingungskollektive für die in Tabelle 5.3 definierten
Fahrtypen

Der Durchschnittsfahrer, welcher deutlich weniger Autobahnanteile, dafür jedoch mehr
Schlaglöcher und andere Fahrbahnunebenheiten aufweist, zeigt im Vergleich dazu ein
schärferes Profil auf, welches in Abbildung 5.7b dargestellt ist. Zum einen sind aufgrund
der schwingungsintensiven Anteile von Waschbrett- und Schwellenstrecke sowie Kopfsteinpflaster höhere Schwingungsamplituden erkennbar, zum anderen bewirkt die Reduktion

der Autobahnanteile und Vergrößerung der städtischen Anteile in Form des Stuttgart-Zyklus eine Zunahme der Schwingspiele im gesamten Amplitudenbereich.

Im Vergleich hierzu ist das Schwingungskollektiv des Stadtfahrers in Abbildung 5.7c von der Amplitude identisch, die Schwingspielzahl nimmt jedoch, insbesondere im Bereich großer Amplituden, erneut zu. Der Grund liegt auch hier darin, dass die Schlechtweganteile zugenommen haben.

Entsprechend steigt die Schwingspielzahl erneut im Falle des Schlechtwegfahrers, welcher sein Fahrzeug zu 50% auf Strecken mit schlechten Fahrbahnbelägen einsetzt. Er stellt den Schwingungsintensivsten Fall dar.

5.4 Normprofil elektrischer Komponenten im Kraftfahrzeug

In den vorangegangenen Abschnitten wurden mechanische und elektrischen Anforderungen an eine elektrische Maschine auf der Hinterachse eines Hybridfahrzeugs ermittelt. Als Grundlage der Entwicklung werden derartige Belastungen beispielsweise über den *„Verband der Automobilindustie"* (VDA) oder die *„Internationale Organisation für Normung"* (ISO) anhand von Profilen übergreifend für verschiedene Fahrzeug- und Fahrertypen festgelegt. In diesem Abschnitt wird am Beispiel der mechanischen Belastung ein solches Profil untersucht und den zuvor gemessenen Belastungen im Fahrzeug gegenüber gestellt.

Die Richtlinie *ISO 16750-3* [42] stellt den Stand der Technik zur Erprobung elektrischer Komponenten dar, welche am Getriebe eines Fahrzeuges angebaut sind. Es unterteilt die auftretenden Anregung in zwei Typen:

1. Periodische Anregung - sie entsteht aufgrund von Unwuchtanregungen, Resonanzstellen oder periodischer Zahneingriffe im Getriebe.

2. Stochastische Anregung - sie fasst die Gesamtheit aller weiterer, aperiodischer Anregungsmechanismen zusammen.

Abbildungen 5.8a und 5.8b zeigen die Amplitude bzw. Leistungsdichte der Beschleunigung, aufgetragen über der Anregungsfrequenz. Das Leistungsdichtespektrum aus Abbildung 5.8b ist dabei im Frequenzbereich der sinusoidalen Anregung von $f = 150...440\,\text{Hz}$ reduziert.

Die Durchführung der Komponentenerprobung erfolgt in jeder Raumachse der elektrischen Maschine für 22h. Die harmonische Anregung wird hierzu als „Gleitsinus" mit streng monoton steigender bzw. fallender Frequenz realisiert. Für die weitere Untersuchung wird vereinfachend angenommen, dass die Raumrichtungen getrennt voneinander betrachtet

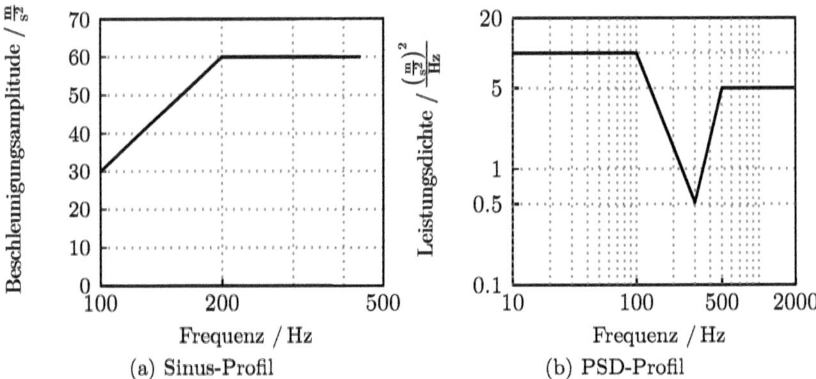

(a) Sinus-Profil   (b) PSD-Profil

Abb. 5.8: Profil für Getriebeanbau nach ISO16750-3[42]: (a) Amplitude harmonischer Anteile, (b) Spektrale Leistungsdichte stochastischer Anteile

werden können. Ein axiales Belasten der elektrischen Maschine nach dem Normprofil für 22h entspricht demnach allen axial auftretenden Schwingbelastungen bei einer gefahrenen Distanz von 300000 km.

5.4.1 Quantitativer Vergleich: Schwingungskollektive von Standardlastfall und Normprofil

Das Schwingungskollektiv des Normprofils ist in Abbildung 5.9 dem des Stuttgart-Zyklus, in der axialen Raumrichtung x, gegenübergestellt. Beide Profile sind auf die Lebensdauer des Fahrzeuges, welche einer Distanz von 300000 km bzw. einer Erprobungsdauer von 22h im Normprofil entspricht, skaliert. Das Normprofil überdeckt dabei alle der in Abbildung 5.7 dargestellten Kollektive.

Während die Schwingspiele des Stuttgart-Zyklus von kleinerer Amplitude, dafür größerer Häufigkeit gekennzeichnet sind, ist das Normprofil auf eine kleinere Schwingspielzahl mit größerer Amplitude gerafft. Dies ist im Vergleich der Abbildungen 5.7 und 5.9 gut zu erkennen. Entsprechend ist die maximale Amplitude im Fahrzeug stets kleiner als die des Normprofils.

Neben diesem einfachen quantitativen Vergleich der Schwingungskollektive ist auch deren qualitative Zusammensetzung von Interesse. Wie in Kapitel 4 gezeigt wurde, spielen insbesondere periodische Schwingungsanteile eine große Rolle für das Entstehen transversaler Rotor-Lager-Schwingungen. Sie werden daher im nächsten Abschnitt näher untersucht.

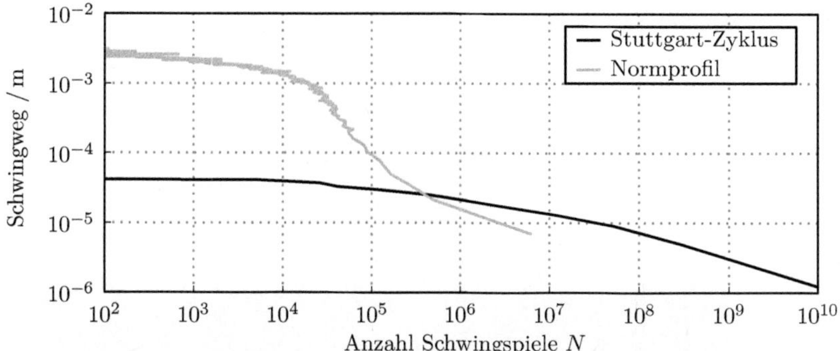

Abb. 5.9: Häufigkeitsverteilung von Stuttgart-Zyklus und Normprofil

5.4.2   Qualitativer Vergleich: Periodische Anteile in Messung und Normprofil

Wie auch das Normprofil setzt sich die gemessene Beschleunigung im Fahrzeug aus periodischen und stochastischen Anteilen zusammen. Erstere entstehen entweder in Abhängigkeit von der Drehzahl im Getriebe, als elektromagnetische Kraft in der E-Maschine oder aufgrund von Eigenschwingungen der Anbauposition. Zur Auswertung der periodischen Schwingungsanteile wird mithilfe der Autokorrelationsfunktion (AKF) und deren Fouriertransformierten das Leistungsdichtespektrum errechnet, in welchem periodische Anteile, im Vergleich zu Rauschanteilen, deutlich stärker hervortreten.

Die AKF $\Phi_{xx}(\tau)$ gibt den inneren Zusammenhang eines Signals $x(t)$ mit seinem um τ verschobenen Abbild $x(t+\tau)$ an. Nach ISERMANN [41] lautet sie für stationäre, stochastische Störsignale und periodische Signale in allgemeiner Form

$$\Phi_{xx}(\tau) = \lim_{T\to\infty} \frac{1}{T} \int_0^T x(t)x(t+\tau)\mathrm{d}t\,. \tag{5.4}$$

Rein stochastische Signale weisen keinen inneren Zusammenhang auf, weshalb ihre AKF nur für $\tau = 0$ einen Wert aufweist. Periodische Vorgänge hingegen resultieren in einer ebenfalls periodischen AKF, wobei die Periodendauer T erhalten bleibt. Da die Geschwindigkeit des Fahrzeugs und somit die Grundfrequenz nicht konstant ist, kann die AKF jeweils nur auf einen kleinen Messbereich angewandt werden, in welchem die Drehfrequenz als quasistatisch betrachtet werden kann.

Das Verfahren ist in Abbildung 5.10 beispielhaft an dem fiktiven Beschleunigungssignal der Gleichung 5.5 dargestellt. Die Beschleunigung enthält einen periodischen Anteil, dessen Frequenz konstant verändert wird sowie einen überlagerten Rauschanteil $n(t)$

$$\ddot{x}(t) = \underbrace{\sin\left([100\,\text{Hz} + 9\,\frac{\text{Hz}}{\text{s}}\,t]2\pi t\right)}_{\text{Periodischer Anteil}} + \underbrace{n(t)}_{\text{Rauschanteil}} \quad .$$ (5.5)

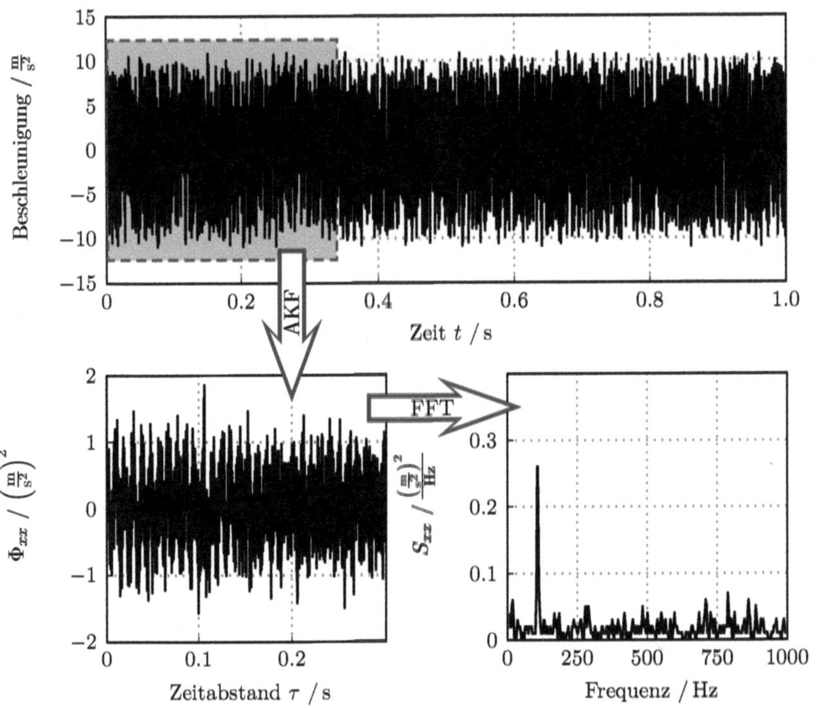

Abb. 5.10: Identifikation periodischer Schwingungen in einem verrauschten Signal

Die AKF des in Abbildung 5.10 grau hinterlegten Bereichs zeigt bereits eine deutlich stärker ausgeprägte Periodizität im Vergleich zum ursprünglichen Verlauf $x(t)$. Die Anwendung der Fouriertransformation auf die AKF überführt das Signal in ein Leistungsdichtespektrum. In diesem lässt sich deutlich ein Peak bei etwa 104 Hz erkennen. Die mittlere Frequenz des grau hinterlegten Bereichs lässt sich aus Gleichung (5.5) entwickeln und beträgt

$$\bar{f} = \frac{1}{0.34\,\mathrm{s}} \int\limits_{0}^{0.34\,\mathrm{s}} \frac{\mathrm{d}\left(\left[100\,\mathrm{Hz} + 9\,\frac{\mathrm{Hz}}{\mathrm{s}}\,t\right]2\pi t\right)}{2\pi\,\mathrm{d}t}\,\mathrm{d}t \qquad (5.6)$$

$$= 100\,\mathrm{Hz} + 9\,\frac{\mathrm{Hz}}{\mathrm{s}}\,0.34\,\mathrm{s} = 103.1\,\mathrm{Hz}\,. \qquad (5.7)$$

Dieser Wert weicht nur um etwa $\Delta f = 0.9\,\mathrm{Hz}$ von dem im Leistungsdichtespektrum ermittelten ab. Die Abweichung ist auf die limitierte Auflösung des Spektrums zurückzuführen, welche sich aus der Abtastrate von $Fs = 12000\,\mathrm{Hz}$ sowie der Anzahl der verwendeten Stützstellen $N = 2^{12}$ ergibt.

Die Ermittlung periodischer Anteile in der gemessenen Beschleunigung der elektrischen Maschine erfolgt nach dem in Abbildung 5.10 skizzierten Verfahren. Um auch elektromagnetisch erregte Schwingungen mit erfassen zu können, wird das Beschleunigungssignal des Sensors auf dem Gehäuse der Maschine ausgewertet (vgl. Kapitel 3).

Die Analyse des Signals erfolgt in einzelnen Segmenten, welche jeweils einen Bereich von $0.65\,\mathrm{s}$ abdecken. Im Leistungsdichtespektrum eines Segments werden nun die 3 maximalen Werte gesucht und ihre Frequenzen f ausgewählt. Diese werden wiederum auf die entsprechende Grundfrequenz f_0 bezogen und als Ordnung dieser hinterlegt

$$f_0 = \frac{n}{60} \qquad (5.8)$$

$$N = \frac{f}{f_0}\,. \qquad (5.9)$$

Die relative Häufigkeit, mit der eine bestimmte Ordnung im Leistungsdichtespektrum eines Segments dominant hervortritt, wird anschließend für eine erste Auswertung herangezogen und in Abbildung 5.11 dargestellt.

Am häufigsten treten die Ordnungen $N = 10.5$ und $N = 29$ hervor. Beide Ordnungen entstehen im Getriebe aufgrund der Zahneingriffsfrequenz. Deutlich seltener tritt Ordnung $N = 1$ hervor, welche der Grundfrequenz der Anregung entspricht. Die Ordnungen $N = 12$ und $N = 36$ werden durch elektromagnetische Kräfte erregt (vgl. Kapitel 3). Ihre Häufigkeit ist im Vergleich zu den Getriebeordnungen jedoch deutlich geringer.

Die nach obigem Verfahren ermittelten dominanten Ordnungen werden nun hinsichtlich ihres Anteils an der Gesamtschwingung untersucht. Die Gesamtschwingungsleistung P wird hierfür als Kombination der Signalleistung P_{sig} und Rauschleistung P_{noise} verstanden,

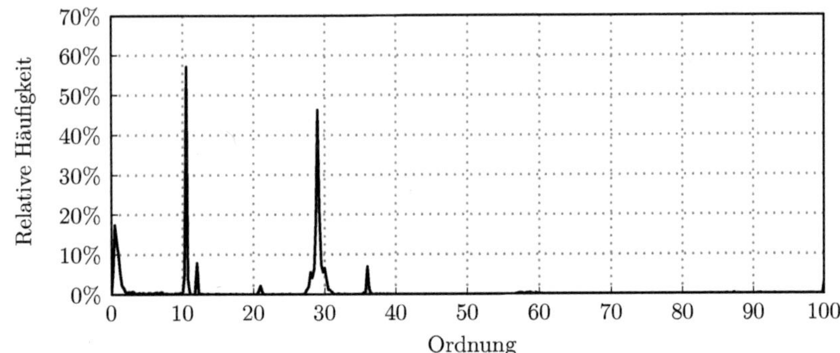

Abb. 5.11: Relative Häufigkeit einer Ordnung in der gemessenen, axialen Beschleunigung

wobei erstere den in Abbildung 5.11 dargestellten dominanten Ordnungen entspricht

$$P = P_{\text{sig}} + P_{\text{noise}} \, .$$ (5.10)

Die gemittelten Signal- und Rauschleistungsanteile $\bar{P}_{\text{sig}}$, $\bar{P}_{\text{noise}}$ werden schließlich in Abbildung 5.12 für Standardlastfall, Normprofil sowie zwei Sonderlastfälle dargestellt.

Der Standardlastfall zeigt in Ordnung $N = 10.5$, welche in Abbildung 5.11 die größte
Häufigkeit aufwies, nur den drittgrößten Signalleistungsanteil der periodischen Schwingungen. Dominant sind hier vielmehr Ordnungen $N = 29$ und $N = 36$. Während letztere,
trotz geringerer Häufigkeit im Auftreten, einen Anteil von 2.26% zur Gesamtsignalleistung
beitragen, ist der der Grundordnung $N = 1$ mit 0.51% eher gering.

Das Kreisdiagramm des Normprofils ist für eine Beschleunigungsamplitude von $\ddot{x} = 60\,\frac{\text{m}}{\text{s}^2}$
des Gleitsinus aufgetragen. Der Anteil des periodischen Signals an der Gesamtsignalleis-
tung beträgt hier 16.17%.

Insgesamt weist die Qualität der Profile zwei große Unterschiede auf:

1. Der periodische Anteil im Normprofil tritt nur in einer Ordnung auf. Die Schwin-
   gungsmessung im Fahrzeug hingegen zeigt mehrere periodische Anteile auf (vgl.
   auch HANSELKA und NORDMANN [29]).

2. Der Anteil des periodischen Signals an der Gesamtsignalleistung ist mit 16.17% im
   Normprofil größer als die Summer aller in der Messung auftretenden periodischen Signale. Entsprechend ist er deutlich größer als jede einzelne, gemessene Signalleistung
   im Standardlastfall sowie bei den Sonderlastfällen Autobahn und Kopfsteinpflaster.

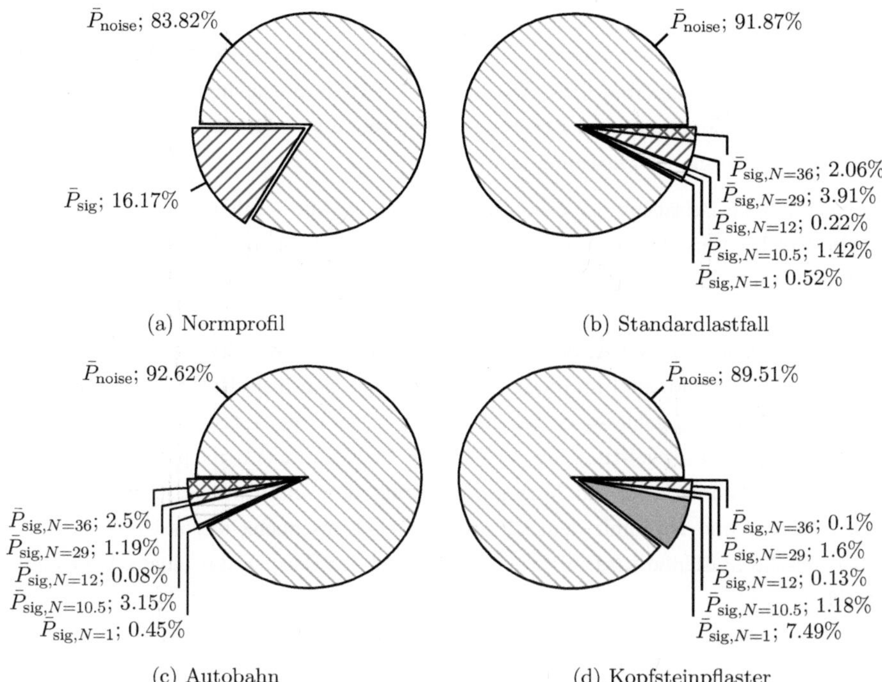

(a) Normprofil   (b) Standardlastfall

(c) Autobahn   (d) Kopfsteinpflaster

Abb. 5.12: Anteile der Gesamtsignalleistung: (a) Normprofil, (b) gemessener Standardlastfall, (c) Sonderlastfall Autobahn, (d) Sonderlastfall Kopfsteinpflaster

Zusammenfassend treten beim Vergleich des Normprofils mit den verschiedenen Lastfällen nicht nur quantitativ, sondern auch qualitativ deutliche Unterschiede auf. Diese betreffen insbesondere die Zusammensetzung des Signals aus periodischen und stochastischen Anteilen, wie Abbildung 5.12 zeigt.

5.5   Ergebnis

In diesem Kapitel wurden anhand von Fahrzeugmessungen in verschiedenen Szenarien die Schwingungen der elektrischen Maschine in ihrer Anbauposition im Hybridfahrzeug ermittelt. Anhand von Schwingungskollektiven konnte gezeigt werden, dass die Belastungen der Maschine in Fahrtrichtung bzw. Fahrzeughochachse nahezu identisch sind. Lediglich die Querrichtung des Fahrzeugs, welche der axialen Richtung der elektrischen Maschine entspricht, weist im Vergleich dazu kleinere Schwingungsamplituden auf. Der Effekt ist vor

allem bei den betriebsbedingten Sonderlastfällen „Autobahnfahrt" und „Beschleunigungsfahrt" des Abschnitts 5.2 erkennbar. Im Vergleich zu den betriebsbedingten Anregungen
rufen Fahrbahnunebenheiten nach Abschnitt 5.2.3 größere Schwingungsamplituden hervor, so dass die Kombination der einzelnen Fahrereignisse zu einem Schlechtwegszenario
die größte Belastung der Maschine darstellt.

Die mechanische Belastung der elektrischen Maschine wurde mit einem Normprofil verglichen, welches diese in einem gerafften Prüfprofil abbilden soll. Entsprechend sind die
Belastungen im Vergleich zum Standardlastfall größer, treten jedoch in geringerer Anzahl
auf.

Während die quantitativen Abweichungen von Normprofil und Messung der Raffung des
Profils geschuldet sind, sind im qualitativen Vergleich deutliche Unterschiede erkennbar.
In jedem im Fahrzeug gemessenen Lastfall treten periodische Anteile mit maximal 7.49%
der Gesamtschwingungsleistung auf, welche sich wiederum aus der Überlagerung mehrer
Ordnungen zusammensetzt. Im Normprofil beträgt der Anteil periodischer Anregungen
jedoch 16.17% und ist somit deutlich größer. Die Konsequenz dieses Unterschieds für
die elektrische Maschine wird im folgenden Kapitel am Beispiel des Lagerschildes näher
betrachtet.

6 Zur Betriebsfestigkeit der elektrischen Maschine und deren Erprobung

Die Betriebsfestigkeit eines Produkts wird allgemein durch den Vergleich der Beanspruchung mit der ihr gegenüberstehenden Beanspruchbarkeit ermittelt. Die Beanspruchung ist die Folge einer inneren Belastung, welche sich wiederum aus der Übertragungsfunktion des Produkts sowie den daran angreifenden externen Belastungen ergibt.

Die Betriebsfestigkeit der elektrischen Maschine wird in diesem Kapitel, auf Basis der in Kapitel 3 und 4 vorgestellten Methoden zur Ableitung innerer Belastungen aufgrund elektromagnetischer und mechanischer Anforderungen, bewertet. Die Anforderungen selbst wurden in Kapitel 5 anhand von Fahrzeugmessungen ermittelt und einem standardisierten Profil zur Erprobung elektrischer Komponenten im Fahrzeug gegenübergestellt.

Die Bewertung der Betriebsfestigkeit wird am Beispiel des Lagerschildes durchgeführt, welches nach Kapitel 4 aufgrund axialer Rotor-Lager-Schwingungen stark belastet werden kann. Die Unterschiede der inneren Belastung des Lagerschildes bei Fahrzeugbelastung und Normprofil werden am Ende des Kapitels diskutiert.

6.1 Einfluss elektromagnetischer Kräfte

Dass elektromagnetische Kräfte mechanische Schwingungen an der Oberfläche der elektrischen Maschine erzeugen, wurde bereits in Kapitel 3 gezeigt. Offen ist, ob diese für die Betrachtung der Betriebsfestigkeit elektrischer Maschinen relevant sind.

Anhand der Erkenntnisse aus Kapitel 5 lassen sich elektromagnetisch erregte Schwingungen zunächst quantitativ einordnen. Bei der Analyse der gemessenen Schwingung auf der Gehäusemitte der Maschine konnten die Ordnungen 12 und 36 identifiziert werden. Beide können nach Kapitel 3 elektromagnetischen Ursprüngen zugeordnet werden. Wird davon ausgegangen, dass elektromagnetische Kräfte rein periodisch auftreten, so lässt sich ihr Anteil an der Gesamtsignalleistung auf unter 3% beziffern.

Weiterhin wurden in Kapitel 3 bereits Messungen bei maximalem Drehmoment der elektrischen Maschine durchgeführt. Selbst an diesem Punkt mit der größtmöglichen elektromagnetischen Anregung konnten nur Beschleunigungen von etwa $\hat{\ddot{x}} \leq 4\,\frac{\mathrm{m}}{\mathrm{s}^2}$ gemessen werden. Im Vergleich zu den Beschleunigungen aus Kapitel 4, welche aufgrund einer Resonanz des Rotor-Lager-Systems hervorgerufen werden, sind diese vernachlässigbar gering.

Zusätzlich zur Amplitude der gemessenen Beschleunigung spricht auch ein weiterer Punkt gegen die Berücksichtigung bei Untersuchungen zur Betriebsfestigkeit der Maschine: Die

Kräfte treten radial und tangential über den Umfang verteilt auf. Als solche regen sie ovalisierende Eigenmoden zu Schwingungen an. Diese jedoch sind im Falle der untersuchten elektrischen Maschine durch sehr hohe Eigenfrequenzen einerseits, und durch eine hohe Dämpfung aufgrund des wassergefüllten Kühlmantels andererseits, gekennzeichnet. Die Deformation und damit mechanische Beanspruchung des Gehäuses ist bei dieser Belastung somit verschwindend gering.

Als Resultat beider Punkte werden elektromagnetische Kräfte für die Betrachtung der Betriebsfestigkeit der untersuchten elektrischen Maschine nicht berücksichtigt.

6.2   Einfluss axialer Rotor-Lager-Schwingungen

Lagerschilde elektrischer Maschinen werden durch die darin gelagerten Rotoren sowohl in radialer als auch in axialer Richtung belastet. In Kapitel 4 wurde gezeigt, dass in der untersuchten Maschine radiale Schwingungen aufgrund der großen Steifigkeiten in dieser Raumrichtung eine untergeordnete Rolle spielen und daher vernachlässigt werden können. Axial hingegen ist die Steifigkeit beider Komponenten deutlich geringer, so dass es zur Ausprägung nichtlinearer Rotor-Lager-Schwingungen kommen kann. Die daraus resultierende Belastung des Lagerschildes unter der in Kapitel 5 ermittelten Schwingung der Anbauposition im Fahrzeug und im Normprofil wird in diesem Abschnitt näher untersucht.
Hierzu werden die Schwingungen am Anschraubpunkt der Maschine bei verschiedenen Belastungsarten als Eingangsparameter des in Kapitel 4 vorgestellten numerischen Modells verwendet. Im Anschluss wird daraus die resultierende Relativschwingung zwischen dem Anschraubpunkt der Maschine und dem Lagersitz ermittelt.

6.2.1   Axiale Rotor-Lager-Schwingungen im Fahrzeug

Nach Kapitel 4 konnte die stärkste Ausprägung axialer Rotor-Lager-Schwingungen im Falle einer monoton steigenden Anregungsfrequenz festgestellt werden. Dieser Fall tritt vor allem bei einer Beschleunigung des Fahrzeuges auf. Die Drehzahl der elektrischen Maschine steigt monoton an und mit ihr auch die Frequenzen der höheren Ordnungen.

Neben diesen Betriebszuständen wird auch eine Schlechtwegstrecke als Anregung untersucht. Die impulsartige Anregung bewirkt zum einen eine Schwingung des Lagerschildes und zum anderen eine relative Bewegungen zwischen Rotor- und Lagersitz. Letztere wirkt zusätzlich auf das Belastungskollektiv des Lagerschildes.

Als Eingangsdaten des Simulationsmodells werden drei Fahrzeugmessungen verwendet:

Anregung 1:   Die Beschleunigungsfahrt in Abbildung 5.5 (Seite 85);

Anregung 2:   Eine kurze Phase zunehmender Geschwindigkeit im Zeitabschnitt $70\,\text{s} < t < 84\,\text{s}$ innerhalb des Standardlastfalls aus Abbildung 5.1 (Seite 81);

Anregung 3:   Fahrt über die Waschbrettstrecke.

Abbildung 6.1a zeigt die Relativschwingung der Lagerbohrung im transienten Verlauf für Anregung 1, Abbildung 6.2a für Anregung 2. In beiden Fällen ist das Entstehen einer axialen Rotor-Lager-Schwingung, wie sie in Kapitel 4 diskutiert wurde, nicht erkennbar. Die Schwingungskollektive in Abbildung 6.1b und Abbildung 6.2b weisen entsprechend nur sehr geringe Amplituden auf.

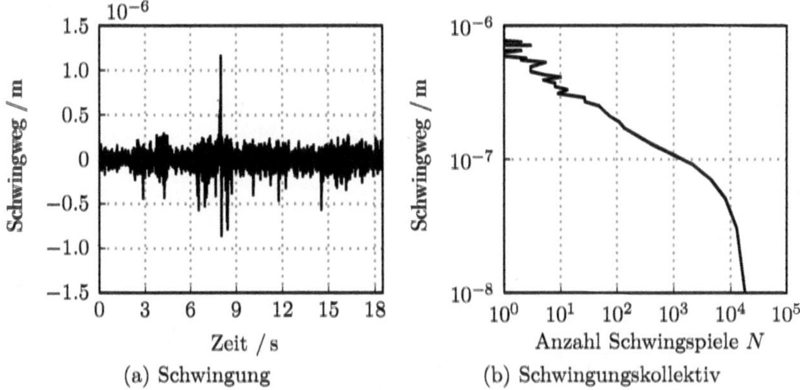

(a) Schwingung   (b) Schwingungskollektiv

Abb. 6.1: Relative Schwingung der Lagerbohrung bei Anregung 1: (a) Transienter Verlauf der Schwingung, (b) Schwingungskollektiv

Das Ergebnis der Untersuchung von Anregung 3 ist in Abbildung 6.3 dargestellt. Im transienten Verlauf treten einzelne Peaks mit Amplituden von $\hat{x} > 50\,\mu$m deutlich hervor. Sie werden durch das Überfahren von Vertiefungen der Waschbrettstrecke hervorgerufen und entstehen aufgrund einer hohen axialen Beschleunigung der gesamten Maschine. Diese führt, sobald das Lagerspiel des Festlagers überwunden ist, zu einer Kraftübertragung im Kugellager; es folgt eine relative Beschleunigung des Rotors und des Lagersitzes im Vergleich zum Anschraubpunkt.

Im Anschluss daran schwingt der Rotor aus. Dies führt zu den weiteren axiale Schwingungen im Lagerschild, welche zu den kleineren Peaks mit $\hat{x} \approx 20...40\,\mu$m führen.

Die Amplituden sind im Vergleich zu den Anregungen 1 und 2 deutlich größer. Dies zeigt

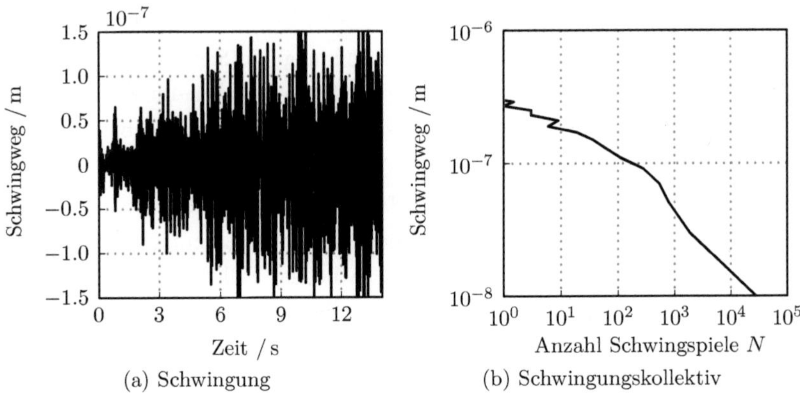

(a) Schwingung   (b) Schwingungskollektiv

Abb. 6.2: Relative Schwingung der Lagerbohrung bei Anregung 2: (a) Zeitlicher
Verlauf der Schwingung, (b) Schwingungskollektiv

sich auch im Schwingungskollektiv in Abbildung 6.3b welches, aufgrund der kürzeren
Distanz der Schwellenstrecke, zwar kleinere Schwingspielzahlen, gleichzeitig aber auch
deutlich größere Amplituden aufweist.

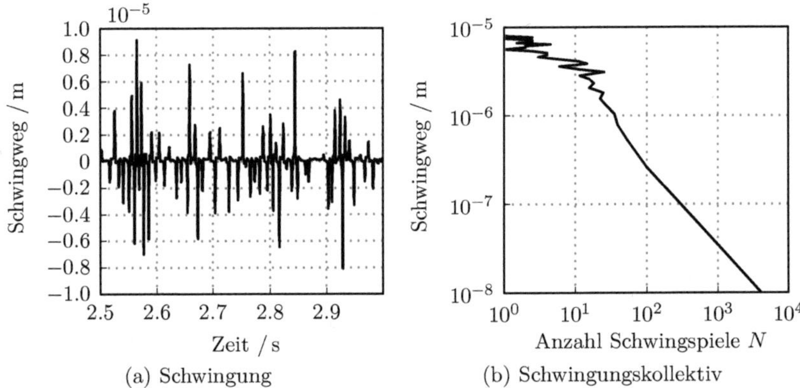

(a) Schwingung   (b) Schwingungskollektiv

Abb. 6.3: Relative Schwingung der Lagerbohrung bei Anregung 3: (a) Zeitlicher
Verlauf der Schwingung, (b) Schwingungskollektiv

Die Belastung des Lagerschildes wird im Fahrzeug somit nur bedingt durch axiale Rotor-
Lagerschwingungen beeinflusst. Während bei Beschleunigungsfahrten keine Interaktion
von Lagerschild und Rotor festgestellt werden kann, tritt sie beim Überfahren der Waschbrettstrecke deutlich hervor. Im Vergleich der Fahrzeuganregungen ist die Schwingbelastung des Lagerschildes beim Überfahren von Schlechtwegstrecken am größten.

6.2.2   Axiale Rotor-Lager-Schwingungen im Normprofil

Das Normprofil unterscheidet sich von den in Kapitel 4 verwendeten Profilen lediglich aufgrund der ihm überlagerten, stochastischen Schwingungsanteile nach Abbildung 5.8. Deren Auswirkungen auf das Entstehen einer axialen Rotor-Lager-Schwingung wird nun in analoger Vorgehensweise zu Abschnitt 6.2.1 untersucht.

Abbildung 6.4 zeigt Schwingung und Schwingungskollektiv bei steigender Anregungsfrequenz des periodischen Anteils, Abbildung 6.5 bei fallender. Beide Abbildungen weisen das typische Merkmal der nichtlinearen Schwingung, nämlich einen deutlich ausgebildeten Sprungpunkt, auf. Die Sprungamplitude ist mit maximal $\hat{x}_\mathrm{max} \approx 830\,\mu$m bei Frequenzanstieg und Abfall identisch.

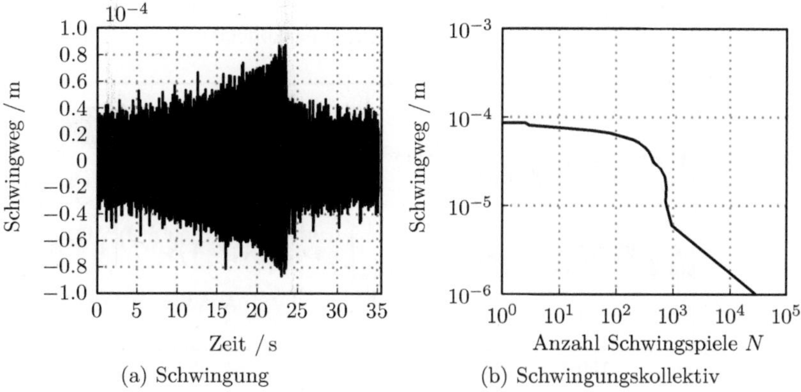

(a) Schwingung   (b) Schwingungskollektiv

Abb. 6.4: Rotor-Lager-Schwingung im Normprofil (Frequenzanstieg): (a) Zeitlicher Verlauf der Schwingung, (b) Schwingungskollektiv

Zusätzlich zu den Darstellungen aus Abbildung 6.4a und Abbildung 6.5a sind in Abbildung 6.6 die errechneten Beschleunigungsverläufe des Lagerschildes $\ddot{\hat{x}}_\mathrm{LS}$, bezogen auf die Anregung $\hat{u}$, als Einhüllende für ansteigende und abfallende Anregungsfrequenz im Normprofil dargestellt.

Es ist gut zu erkennen, dass beide Kurven einen nahezu deckungsgleichen Verlauf aufweisen. Unterschiede treten nur aufgrund des überlagerten Rauschanteils auf, welcher zufällige lokale Peaks innerhalb des zeitlichen Verlaufs hervorruft.

Im Vergleich zu den Messergebnissen aus Abschnitt 4.4.2 liegt die hier ermittelte Sprungfrequenz mit $f_\mathrm{SP} = 280\,$Hz auch über den zuvor gemessenen Werten. Gleiches gilt für die

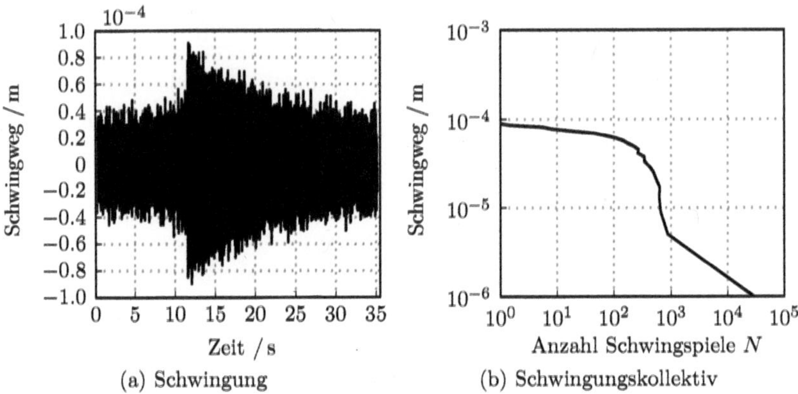

(a) Schwingung   (b) Schwingungskollektiv

Abb. 6.5: Rotor-Lager-Schwingung im Normprofil (Frequenzabfall): (a) Zeitlicher Verlauf der Schwingung, (b) Schwingungskollektiv

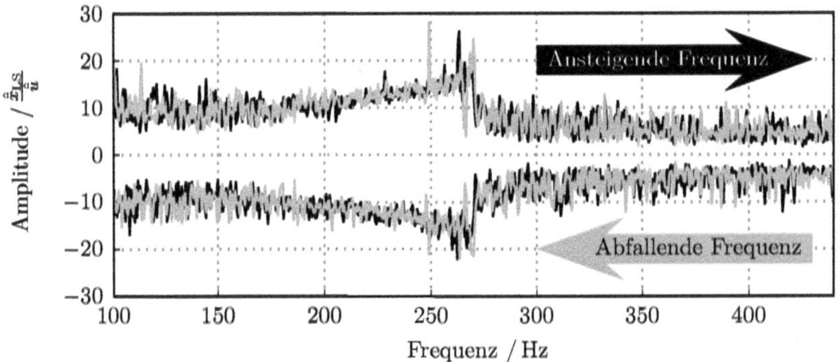

Abb. 6.6: Errechneter Beschleunigungsverlauf des Lagerschildes im Normprofil

Sprungamplitude. Beide Beobachtungen können mit der Amplitude der Anregung von

$$\hat{u} = 60\,\frac{\mathrm{m}}{\mathrm{s}^2} \quad , f \geq 200\,\mathrm{Hz} \tag{6.1}$$

erklärt werden, welche die der Messungen in Abschnitt 4.4.2 übersteigt. Frequenz und Amplitude des Sprungpunktes werden damit verschoben.

Weiterhin weist der Verlauf in Abbildung 6.6 bei fallender Anregungsfrequenz deutliche Unterschiede zu den Ergebnissen aus Abschnitt 4.4.2 auf. Darin zeigte Abbildung 4.18 eine deutliche kleinere Sprungfrequenz als beim Frequenzanstieg. Die hier vorliegenden Ergebnisse zeigen dieses Ergebnis nicht. Die überlagerten Rauschanteile im Normprofil „stören" somit das nichtlineare Resonanzverhalten und bewirken damit ein deutlich früheres Springen auf den oberen Pfad der Resonanzkurve.

6.3 Vergleich dynamischer Belastungen

In den vorangegangenen Abschnitten 6.2.1 und 6.2.2 wurde die Auswirkung einer Schwingung an der Anbauposition auf die des Lagerschildes untersucht. Die resultierenden Belastungen waren im Normprofil deutlich größer, was vor allem auf das Phänomen axialer Rotor-Lager-Schwingungen zurückzuführen ist. In diesem Abschnitt wird ihr Einfluss auf die Betriebsfestigkeit des Lagerschildes der elektrischen Maschine bei Fahrzeug- und Erprobungsbelastung untersucht und anhand verschiedener Wöhlerlinien bewertet.

6.3.1 Vergleichsmethode

Die Methode zum Vergleich der Belastungen basiert auf dem in ISO16750-3 [42] vorgestellten Konzept. Sie wird jedoch anstelle der Beschleunigung auf den Schwingweg des Lagerträgers angewandt. Die Gliederung der Methode in drei Schritte ist in Abbildung 6.7 skizziert.

1. Der relative Schwingungsverlauf der Lagernabe im Vergleich zum Anbauort wird ermittelt. Er ist für die Beanspruchung des Lagerschildes maßgeblich.

2. Mit Hilfe des Rainflow-Verfahrens wird der Verlauf anschließend in ein Schwingungskollektiv überführt.

3. Das Schwingungskollektiv wird einer fiktiven Wöhlerkurve gegenübergestellt. Die Wöhlerkurve wird über den Wöhlerexponenten k, die Grenzschwingspielzahl N_{D}, sowie eine initiale Amplitude x_{D}, welche den Knickpunkt der Wöhlerkurve am Ende der Zeitfestigkeit kennzeichnet (Analog zu σ_{D} in Abbildung 2.5), beschrieben. Unter Anwendung der linearen Schadensakkumulation wird nun die Schadenssumme D errechnet.

3.1 Der letzte Schritt wird anschließend in einem iterativen Newton-Verfahren bei veränderlichem x_{D} wiederholt, bis die Schadenssumme $D = 1$ ist und entsprechend ein theoretisches Bauteilversagen eintritt. Die Grenzbelastung x_{D} bei $D = 1$ gibt nun ein Maß der Schädigung durch eine Belastung an und wird im Folgenden verglichen.

Die im 3. Schritt angenommenen Parameter des Wöhlerexponenten k und der Grenzschwingspielzahl N_{D} sollten der Bauteilwöhlerkurve nachempfunden sein, welche der ent-

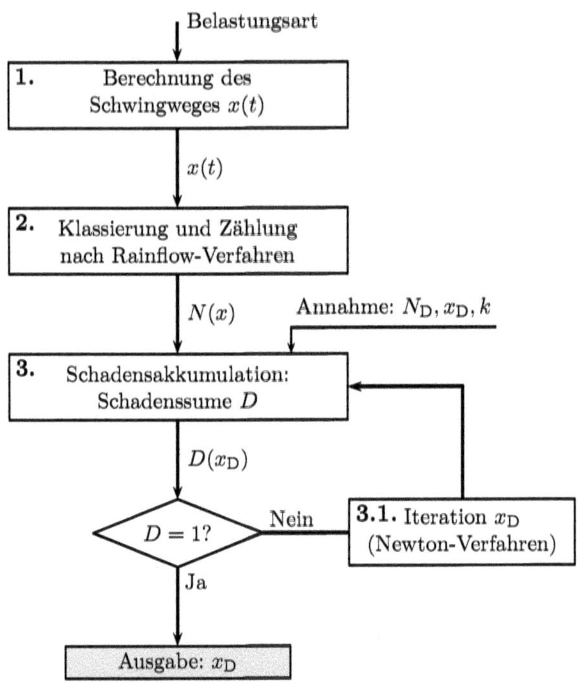

Abb. 6.7: Vergleichsmethode zur Bewertung verschiedener Belastungen hinsichtlich ihres Einflusses auf die Betriebsfestigkeit

sprechenden Belastung gegenübersteht. Im untersuchten Fall wird zunächst ein großer
Bereich betrachtet

$$4 \leq k \leq 12 \tag{6.2}$$

$$2 \cdot 10^6 \leq N_\mathrm{D} \leq 5 \cdot 10^7. \tag{6.3}$$

Die fiktive Wöhlerkurve wird hieraus nach der elementaren Miner-Regel und der Modifikation nach HAIBACH entwickelt [28] (vgl. Kapitel 2).

6.3.2   Fahrzeug und Normprofil: Auswirkungen auf die Belastung

In Tabelle 6.1 sind die nach dem in Abschnitt 6.3.1 beschriebenen Verfahren ermittelten
Schädigungslevel von Standardlastfall $x_\mathrm{D,Std}$ und Normprofil $x_\mathrm{D,NP}$ aufgetragen. Die Spalte
„Vergleich" enthält jeweils das Verhältnis der Schädigungslevel $x_\mathrm{D,Std}/x_\mathrm{D,NP}$.

Tabelle 6.1: Belastung des Lagerschildes im Normprofil und im Standardlastfall unter Annahme verschiedener Wöhlerkurven

Wöhlerkurve Annahmen		Prüfstand		Fahrzeug		Vergleich	
		Haibach	Miner	Haibach	Miner	Haibach	Miner
N_D	k	$x_{D,NP}/m$	$x_{D,NP}/m$	$x_{D,Fzg}/m$	$x_{D,Fzg}/m$	$\frac{x_{D,NP}}{x_{D,Fzg}}$	$\frac{x_{D,NP}}{x_{D,Fzg}}$
	4	$6.4 \cdot 10^{-5}$	$7.3 \cdot 10^{-5}$	$1.8 \cdot 10^{-8}$	$1.8 \cdot 10^{-8}$	3660.8	4133.3
	6	$6.3 \cdot 10^{-5}$	$6.7 \cdot 10^{-5}$	$6.0 \cdot 10^{-8}$	$6.0 \cdot 10^{-8}$	1050.0	1113.8
$2 \cdot 10^6$	8	$6.3 \cdot 10^{-5}$	$6.5 \cdot 10^{-5}$	$1.1 \cdot 10^{-7}$	$1.1 \cdot 10^{-7}$	572.7	592.1
	10	$6.4 \cdot 10^{-5}$	$6.5 \cdot 10^{-5}$	$1.6 \cdot 10^{-7}$	$1.6 \cdot 10^{-7}$	402.4	410.7
	12	$6.5 \cdot 10^{-5}$	$6.6 \cdot 10^{-5}$	$2.0 \cdot 10^{-7}$	$2.0 \cdot 10^{-7}$	320.4	324.6
	4	$4.7 \cdot 10^{-5}$	$4.9 \cdot 10^{-5}$	$1.2 \cdot 10^{-8}$	$1.2 \cdot 10^{-8}$	4001.0	4133.3
	6	$5.0 \cdot 10^{-5}$	$5.1 \cdot 10^{-5}$	$4.6 \cdot 10^{-8}$	$4.6 \cdot 10^{-8}$	1096.4	1113.8
$1 \cdot 10^7$	8	$5.3 \cdot 10^{-5}$	$5.3 \cdot 10^{-5}$	$9.0 \cdot 10^{-8}$	$9.0 \cdot 10^{-8}$	586.8	592.1
	10	$5.5 \cdot 10^{-5}$	$5.6 \cdot 10^{-5}$	$1.4 \cdot 10^{-7}$	$1.4 \cdot 10^{-7}$	408.4	410.7
	12	$5.7 \cdot 10^{-5}$	$5.8 \cdot 10^{-5}$	$1.8 \cdot 10^{-7}$	$1.8 \cdot 10^{-7}$	323.4	324.6
	4	$3.2 \cdot 10^{-5}$	$3.3 \cdot 10^{-5}$	$7.9 \cdot 10^{-9}$	$7.9 \cdot 10^{-9}$	4105.8	4133.3
	6	$3.9 \cdot 10^{-5}$	$3.9 \cdot 10^{-5}$	$3.5 \cdot 10^{-8}$	$3.5 \cdot 10^{-8}$	1110.1	1113.8
$5 \cdot 10^7$	8	$4.4 \cdot 10^{-5}$	$4.4 \cdot 10^{-5}$	$7.4 \cdot 10^{-8}$	$7.4 \cdot 10^{-8}$	591.0	592.1
	10	$4.7 \cdot 10^{-5}$	$4.7 \cdot 10^{-5}$	$1.2 \cdot 10^{-7}$	$1.2 \cdot 10^{-7}$	410.2	410.7
	12	$5.0 \cdot 10^{-5}$	$5.0 \cdot 10^{-5}$	$1.6 \cdot 10^{-7}$	$1.6 \cdot 10^{-7}$	324.4	324.6

Der Vergleich beider Belastungsarten zeigt, dass die Belastung des Lagerschildes im Normprofil die Fahrzeugbelastung unter Annahme des Standardlastfalls um mehr als das bis zu 4000-fache übersteigen kann

$$320.4 \leq \frac{x_{D,NP}}{x_{D,Fzg}} \leq 4133.3 \, . \tag{6.4}$$

Werden erweiterte Betriebsszenarien wie Stadt- oder Schlechtweg nach Abschnitt 5.3 in Betracht gezogen, so geht der Faktor vor allem für Schlechtwegstrecken deutlich zurück, wie Abbildung 6.8 zeigt.

Im Falle des Hybridmotors wird das Lagerschild aus einer Aluminium-Legierung gefertigt. Der Wöhlerexponent k dieser Legierung liegt nach FKM-Richtlinie [22] oder EINBOCK [18] bei einem Wert von $k = 5 \ldots 6$ und die Grenzschwingspielzahl zur Dauerfestigkeit bei $N_D = 10^6 \ldots 5 \cdot 10^6$. Wird der relevante Bereich aus Abbildung 6.8 darauf beschränkt, so übersteigt die Belastung im Normprofil selbst im Falle des Schlechtwegfahrers die Fahrzeugbelastung um den Faktor

$$\frac{x_{D,NP}}{x_{D,Fzg}} \geq 59 \, . \tag{6.5}$$

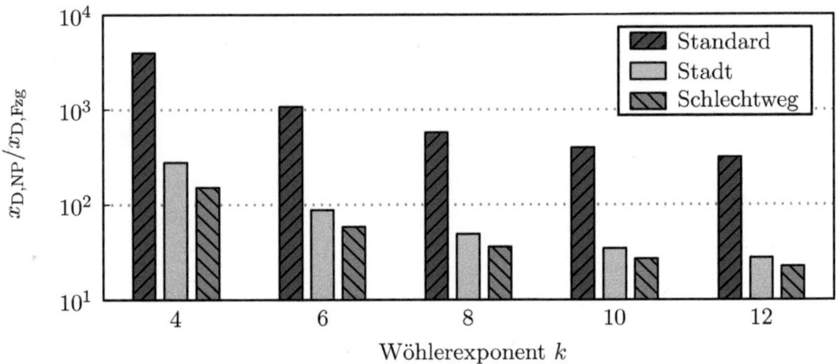

Abb. 6.8: Vergleich der Belastung des Normprofils $x_{\mathrm{D,NP}}$ und des Fahrzeugs $x_{\mathrm{D,Fzg}}$ bei verschiedenen Szenarien für $N = 2 \cdot 10^6$. Es wird die Modifikation der Wöhlerkurve nach HAIBACH zugrunde gelegt

6.3.3 Bedeutung des Vergleichs für die Definition des Normprofils

Der Vergleich des Normprofils nach ISO16750-3 mit gemessenen Fahrzeugbelastungen zeigte eine deutliche Überhöhung der realen Belastung. Ursache hierfür ist vor allem die Diskrepanz in der qualitativen Schwingungsausprägung zwischen Fahrzeug und Prüfstand, welcher aufgrund des dominanten periodischen Anteils auftritt. Dieser regt nichtlineare Rotor-Lager-Schwingungen an, welche eine Überhöhung der Schwingbelastung zur Folge haben.

Der Einsatz elektrischer Maschinen im Fahrzeug erfordert somit eine Modifikation bzw. Neudefinition des Erprobungsprofils. Dabei müssen die inneren Wirkzusammenhänge zur Entstehung der Belastung berücksichtigt werden, um eine Übereinstimmung der Schwingungsformen im Fahrzeug mit den auf dem Prüfstand nachgebildeten zu gewährleisten. Insbesondere die Definition eines stark ausgeprägten periodischen Anteils ist hierfür zu untersuchen, da in Fahrzeugmessungen nur deutlich geringere Anteile nachgewiesen werden konnten.

Als erster pragmatischer Ansatz wird vorgeschlagen, auf die Einprägung der gleitenden Sinusschwingung im Normprofil nach ISO16750-3 zu verzichten. Wird das Profil somit auf seinen Rauschanteil beschränkt, so stellt sich die in Abbildung 6.9a dargestellte Schwingung am Lagerschild ein. Abbildung 6.9b zeigt das zugehörige Schwingungskollektiv. Die Amplituden sind im Vergleich zu Abbildung 6.4 und Abbildung 6.5 deutlich geringer, was sich sowohl im transienten Verlauf als auch in der Höhe der einzelnen Kollektivstufen zeigt. Eine Resonanz des Rotor-Lager-Systems tritt somit nicht ein.

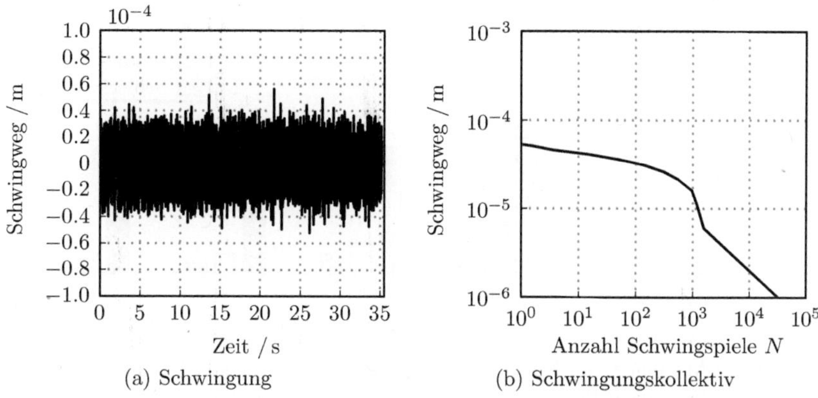

(a) Schwingung (b) Schwingungskollektiv

Abb. 6.9: Rotor-Lager-Schwingung im Normprofil unter Vernachlässigung periodischer Anteile: (a) Zeitlicher Verlauf der Schwingung, (b) Schwingungskollektiv

Der Vergleich des auf seine Rauschanteile beschränkten Normprofils mit den Belastungen der Maschine im Fahrzeug nach dem Verfahren aus Abschnitt 6.3.1 ist in Abbildung 6.10 für verschiedene Betriebsszenarien dargestellt. Die Überhöhung des modifizierten Normprofils ist im Vergleich zum ursprünglichen Normprofil mit periodischen Anteilen (Abbildung 6.8) wesentlich geringer. Im relevanten Bereich von $k = 4...6$ beträgt sie

$$25 \leq \frac{x_{\mathrm{D,Fzg}}}{x_{\mathrm{D,NP}}} \leq 1522 \tag{6.6}$$

und entspricht damit etwa 33% bis 50% der ursprünglichen Überhöhung.

6.4 Maßnahmen zur Reduktion der Belastung

Die Belastung des Lagerschildes aufgrund axialer Rotor-Lager-Schwingungen kann über mehrere konstruktive Maßnahmen gemindert werden. Drei davon werden in diesem Abschnitt diskutiert.

Lagervorspannung Nach DRESIG [16] lassen sich Schwingungen in Rotor-Lager-Systemen durch das Einbringen einer axialen Vorspannung der Lager reduzieren. Der Arbeitspunkt des Kugellagers wird hierbei entlang der progressiven Lagerkennlinie hin zu höheren Steifigkeiten verschoben. Entsprechend erhöht sich die nichtlineare Resonanz.

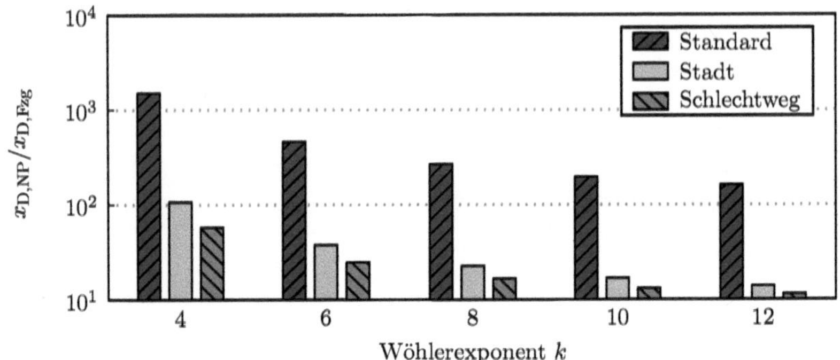

Abb. 6.10: Vergleich von Normprofil $x_{\mathrm{D,NP}}$ und Fahrzeug $x_{\mathrm{D,Fzg}}$ bei verschiedenen Szenarien für $N = 2 \cdot 10^6$. Es wird die Modifikation der Wöhlerkurve nach HAIBACH zugrunde gelegt. Periodische Anteile des Normprofils werden vernachlässigt.

Versteifung des Lagerträgers   Die Wirkungsweise zielt, wie auch die Lagervorspannung, auf einen Anstieg der Resonanzfrequenz ab. Das Rotor-Lager-System wird, gemäß Abbildung 4.5 auf Seite 46, als Zweimassenschwinger betrachtet. Analog zum linearen Fall unterliegt auch bei nichtlinearer Betrachtung die Resonanzfrequenz der zweiten Masse, also des Rotors, dem Einfluss der ersten Masse. Als solches bewirkt ein Versteifen des Lagerschildes auch einen Anstieg der Resonanzfrequenz der axialen Rotor-Lager-Schwingung.

Einsatz eines Tilgers Nach HENGER [36] kann die Axialbewegung des Rotors mithilfe eines Tilgers gedämpft werden. Die Welle wird hierzu als Hohlwelle ausgelegt und der Tilger im Inneren, entlang der Rotationsachse, eingebracht.

Die von DRESIG vorgeschlagene Maßnahme ist, zusammen mit der Versteifung der Lagerschilde, leicht umzusetzen und bedarf oft nur geringer Änderungen im Design. Das Ziel beider Maßnahmen besteht darin, die nichtlineare Resonanzfrequenz zu verschieben und außerhalb des angeregten Frequenzbereichs zu positionieren. Wird hierfür nur der harmonische Anteil nach ISO16750-3 berücksichtigt, so müsste die Resonanzfrequenz f_0 größer als die maximal angeregte Frequenz sein

$$f_0 > 440\,\mathrm{Hz}\,. \tag{6.7}$$

Um dies durch ein axiales Vorspannen der Lager zu erreichen, müsste eine sehr große Kraft aufgebracht werden. Abbildung 4.9e auf Seite 55 zeigt, dass selbst bei einer Zunahme der Steifigkeit um 50% nur ein geringer Unterschied in der Resonanzkurve feststellbar ist. Das

Aufbringen dieser Kraft wiederum erhöht die Mittelspannung im Kugellager und reduziert somit dessen Lebensdauer, vgl. [71].

Auch eine Versteifung der Lagerträger ist nur begrenzt funktionsfähig. Das Verschieben der Resonanzfrequenz mit dieser Methode läuft auf einen Grenzwert zu, welcher theoretisch bei einem ideal starren Lagerschild erreicht wird. Insofern ist dieser Ansatz insbesondere dann wirksam, wenn der Lagerträger im Ausgangszustand nur eine geringe axiale Steifigkeit aufweist. Im untersuchten Fall der elektrischen Maschine ist die axiale Steifigkeit des Lagerschildes mit $k_{\mathrm{LS}} = 1.38 \cdot 10^8 \, \frac{\mathrm{N}}{\mathrm{m}}$ bereits sehr groß und übertrifft die axiale Steifigkeit des Kugellagers um etwa drei Zehnerpotenzen. Das Potential dieser Maßnahme ist entsprechend gering.

Während beide ersteren Maßnahmen auf ein Verschieben der Resonanzfrequenz abzielen, setzt der Tilger auf ein Verändern der Eigenmode. Richtig ausgelegt bewirkt er nach HENGER [36] eine deutliche Reduktion der Belastung von Kugellager und Lagerschild. Nachteilig an dieser Methode ist jedoch, dass über den Tilger eine zusätzliche Masse von etwa 500 g bis 1000 g eingebracht werden muss, welche das Gesamtgewicht des Rotors erhöht.

6.5 Lebensdauer der elektrischen Maschine

Der Vergleich in Abschnitt 6.3 wies die stärkste dynamische Belastung der elektrischen Maschine bei einer Anregung durch das Normprofil auf. Es übersteigt auch „Worst-Case"-Szenarien, wie z.B. das des in Kapitel 5 angenommenen Schlechtwegfahrers. Die Ermittlung der Lebensdauer des Lagerschildes erfolgt daher anhand des Normprofils.

Lokale Spannungen werden unter der Annahme linear-elastischen Materialverhaltens abgeleitet - die Deformation des Lagerschildes ist somit proportional zur lokalen Spannung. Mit Hilfe einer statischen FEM-Analyse wird der Proportionalitätsfaktor zwischen Deformation und Spannung ermittelt. Hierfür wird die Fläche um die Schraubenpositionen am äußeren Durchmesser des Lagerschildes fest eingespannt und die Auflagefläche des Kugellagers in axialer Richtung mit einer Deformation von $x = 10^{-4}\,\mathrm{m}$ beaufschlagt. Die resultierende maximale Hauptspannung ist in Abbildung 6.11 dargestellt. Mit Hilfe des resultierenden Proportionalitätsfaktors kann nun das Schwingungskollektiv am Lagersitz in lokale Beanspruchungskollektive überführt und mit Hilfe des Kerbspannungskonzeptes gemäß der FKM-Richtlinie [22] hinsichtlich ihrer Schädigung bewertet werden.

Es ist gut zu erkennen, dass die sechs Stege die größten Spannungen aufweisen. Die maximale Hauptspannung tritt an der Verbindung der Stege zum Lagersitz auf. Sie beträgt

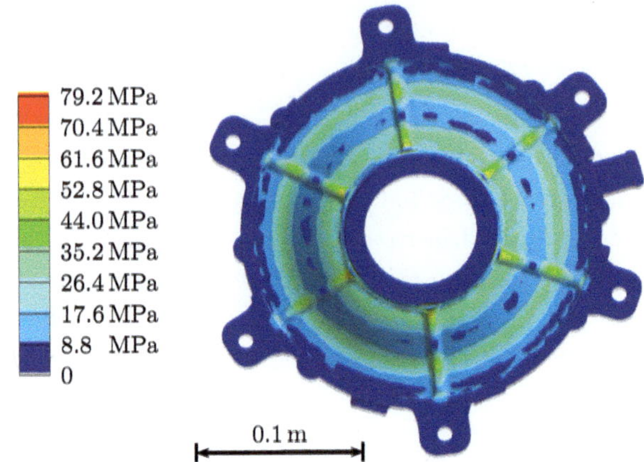

Abb. 6.11: Spannungsverteilung im Lagerschild der elektrischen Maschine

etwa $\sigma = 65\,\mathrm{MPa}$. Das aus dem Belastungskollektiv des Normprofils aus Abbildung 6.4b bzw. Abbildung 6.5b resultierende Beanspruchungskollektiv ist in Abbildung 6.12 für die gesamte Erprobungsdauer von 22h dargestellt.

Zusätzlich zum Beanspruchungskollektiv ist in Abbildung 6.12 die lokale Wöhlerkurve der Al-Legierung am oben angesprochenen Punkt der maximalen Hauptspannung aufgetragen. Die Biegewechselfestigkeit der Wöhlerkurve wird an diesem Punkt aufgrund des Konstruktions- und Rauheitsfaktors herabgesetzt. Weiterhin wird der Verlauf im Bereich über der Eckschwingspielzahl nach FKM-Richtlinie [22] für Aluminiumgusswerkstoffe abgesenkt, so dass bei $N = 10^8$ ein weiterer Knickpunkt entsteht.

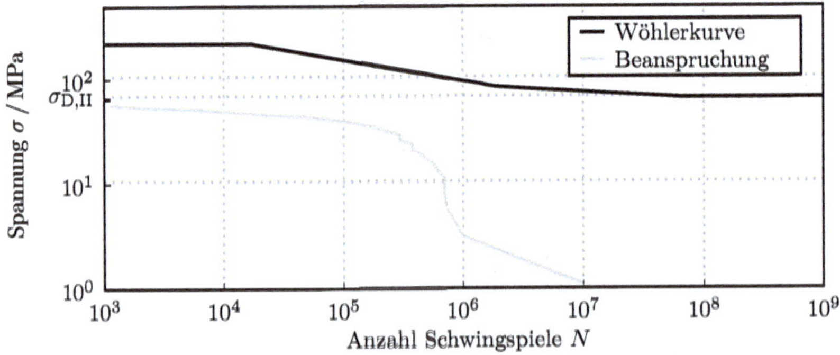

Abb. 6.12: Beanspruchungskollektiv und Wöhlerkurve des Lagerschildes

In Abbildung 6.12 ist gut zu erkennen, dass die resultierende Beanspruchung im Lagerschild stets unter dem zweiten Knickpunkt liegt. Eine Schadenssumme D würde sich somit nur unter Anwendung einer weiteren Absenkung der Wöhlerlinie nach dem zweiten Knickpunkt ermitteln lassen. Für die vorgesehene Erprobungsdauer im Normkollektiv kann ein Versagen an dieser Stelle somit ausgeschlossen werden.

Diese Schadenssumme an der maximal beanspruchten Stelle muss, beispielsweise aufgrund unterschiedlicher Kerbwirkungen, nicht zwangsläufig die höchste im Bauteil sein. So sind in Abbildung 6.11 beispielsweise auch in der Mitte der Stege Spannungsspitzen erkennbar. Ein Vergleich mit der lokalen Wöhlerlinie nach dem oben beschriebenen Verfahren zeigt jedoch auch hier, dass die maximal auftretende Spannung im Beanspruchungskollektiv unter der Spannung des zweiten Knickpunktes liegt und ein Versagen somit auch an dieser Stelle ausgeschlossen werden kann.

Rechnerisch tritt das Versagen des Lagerschildes aufgrund der schwingenden Beanspruchung im Normprofil somit nicht auf. Das Lagerschild ist somit für diese Belastung überdimensioniert. Wird weiterhin berücksichtigt, dass die Belastung des Lagerschildes im Normprofil die Feldbelastung um ein Vielfaches übersteigt, so kann ein Versagen des Lagerschildes in Form eines Schwingbruchs im Fahrzeug über dessen Lebensdauer ausgeschlossen werden.

7 Ergebnis und Ausblick

In dieser Arbeit wurden Methoden zur Beschreibung verschiedenartiger Belastungen der elektrischen Maschine in Elektro- und Hybridfahrzeugen erarbeitet. Diese wurden exemplarisch auf eine elektrische Maschine der Robert Bosch GmbH angewandt und deren Belastung bei verschiedenartigen Lastfällen hinsichtlich ihres Einflusses auf die Betriebsfestigkeit ermittelt.

Elektromagnetische Kräfte

Die vorgestellte Methode zur Implementation elektromagnetischer Kräfte in ein mechanisches Modell der elektrischen Maschine verwendete zwei Modellierungstechniken. Elektromagnetische Kräfte wurden mit einer FE-Simulation im Luftspalt ermittelt und auf die Statoroberfläche projiziert. Mit Hilfe einer zweidimensionalen Fourierreihe konnte ihre Verteilung analytisch beschreibbar gemacht und dem mechanischen Modell übergeben werden.

Da elektromagnetische Kräfte über den gesamten Umfang verteilt auftreten, ist eine Diskretisierung in einzelne Hauptfreiheitsgrade nicht zielführend. Um sie dennoch einem elastischen Mehrkörpermodell der elektrischen Maschine hinzufügen zu können, wurde eine Methode zur Implementation der Kräfte im modalen Raum eingesetzt. Die Ergebnisse zeigten in den dominanten Schwingungsanteilen eine gute Übereinstimmung mit Messwerten. Ihre Schwingungsamplitude war bei der untersuchten elektrischen Maschine jedoch im Vergleich zu Rotor-Lager-Schwingungen sehr gering, weshalb sie in der Betrachtung der Betriebsfestigkeit vernachlässigt werden konnte.

Rotor-Lager-Schwingungen

Mechanisch betrachtet stellen elektrische Maschinen ein einfaches Rotor-Lager-System dar. Dieses wird, abhängig von seinen Einbau- und Einsatzbedingungen, zu Schwingungen angeregt. In bisherigen Arbeiten zur Untersuchung dieser Schwingungen wurde die axiale Raumrichtung größtenteils vernachlässigt. Nach aktuellen Prüfprofilen wird sie jedoch im Frequenzbereich von $10-2000\,\mathrm{Hz}$ erprobt, welcher für eine Resonanz der Schwingung relevant ist. Aus diesem Grund wurden verschiedene Berechnungsmethoden zur Beschreibung des Rotor-Lager-Systems in seiner axialen Raumrichtung erarbeitet. Analytische Modelle gaben hierbei einen einfachen Überblick über die Einflussparameter. Sie berücksichtigten jedoch nur die Nichtlinearität der axialen Steifigkeit - das Dämpfungsverhalten der Wälzlager wurde hingegen als rein viskos angenommen. Im Gegensatz dazu war es mit einem numerischen Ansatz möglich, auch komplexere Dämpfungsmodelle zu integrieren. Er wies im Vergleich zu Messwerten die beste Übereinstimmung auf.

Bei der axialen Resonanz des Rotor-Lager-Systems handelt es sich um ein nichtlineares Phänomen. Insofern spielen nicht nur Anregungsfrequenz und Amplitude eine Rolle, sondern vielmehr die Beschaffenheit und der Verlauf des Anregungssignals. Um den Einfluss dieser Schwingung auf die Betriebsfestigkeit der elektrischen Maschine untersuchen zu können, wurden die Modelle an den Schwingbelastungen der elektrischen Maschine im Fahrzeug gespiegelt.

Zur Betriebsfestigkeit und deren Erprobung

Die Schwingbelastung der elektrischen Maschine wurde anhand von Fahrzeugmessungen ermittelt. Sie wurden anschließend zu verschiedenen Lasttypen, wie z.B. Stadt- oder Schlechtweg, kombiniert. Der Vergleich dieser Lasttypen mit einem Normprofil zur Erprobung elektrischer Maschinen in Fahrzeugen zeigte nicht nur quantitativ, sondern auch qualitativ deutliche Unterschiede.

Mit Hilfe des zuvor ermittelten numerischen Modells zur Beschreibung der Schwingung in axialer Raumrichtung konnten beide Anregungsarten verglichen werden. Das Ergebnis zeigte, dass axiale Rotor-Lager-Schwingungen auch im Fahrzeug entstehen können - jedoch nur im Normprofil eine Resonanz aufweisen. Der Vergleich dieser Ergebnisse hinsichtlich ihres Einflusses auf die Betriebsfestigkeit zeigte schließlich eine etwa 1000-fache Überhöhung des Normprofils im Vergleich zum Standardlastfall und eine etwa 59-fache im Vergleich zum Schlechtwegtypen, welcher die „Worst-Case" Belastung darstellt.

Trotz dieser immensen Überhöhung der Beanspruchung zeigte die Betriebsfestigkeitsbewertung des Lagerschildes dank der robusten Bauweise keine Schädigung auf. Ein Ausfall des Lagerschildes kann somit im Normprofil und damit auch im Fahrzeug ausgeschlossen werden. Eine derartige Auslegung ist jedoch mit hohen Materialkosten verbunden. Um jedoch eine ökonomisch sinnvolle Anpassung des Lagerschildes zu ermöglichen, ist für dessen betriebsfeste Auslegung eine Anpassung des Normprofils notwendig, da dieses für den experimentellen Nachweis der Betriebsfestigkeit herangezogen wird.

Als erste Maßnahme zur Anpassung des Normprofils wurde die Vernachlässigung periodischer Anteile empfohlen. Die Ergebnisse dieses reinen Rauschprofils zeigten noch immer eine Überhöhung des Normprofils um mindestens das 9-fache auf. Die Abdeckung der Belastungen im Fahrzeug bliebe somit gewährleistet. Gleichzeitig waren die entstehenden

Schwingungen am Lagerschild denen des Fahrzeugs deutlich ähnlicher, da das System keine Resonanz mehr aufwies.

Auf lange Sicht ist für die Entwicklung neuer Maschinengenerationen eine Überarbeitung des bestehenden Normprofils notwendig. Insbesondere die Einprägung periodischer Anteile muss hierbei im Hinblick auf die Vergleichbarkeit des resultierenden Schwingungsverhaltens der elektrischen Maschine in Erprobung und Fahrzeug neu definiert werden.

Literaturverzeichnis

[1] AKTÜRK, N. ; UNEEB, M. ; GOHAR, R.: The Effects of Number of Balls and Preload on Vibrations Associated With Ball Bearings. In: *Journal of Tribology* 119 (1997), Nr. 4, S. 747–753

[2] ARKKIO, A.: Finite element analysis of cage induction motors fed by static frequency converters. In: *IEEE Transactions on Magnetics* 26 (1990), Nr. 2, S. 551 –554

[3] BÄCKER, M. ; MÖLLER, R. ; KIENERT, M. ; BAYRAM, B. ; OZKAYNAK, M.: Lastdatenermittlung für die rechnerische Lebensdauerabschätzung eines neuen Bustyps. In: *MP materials testing* 51 (2009), Nr. 5, S. 309–316

[4] BAI, C. ; ZHANG, H. ; XU, Q.: Effects of axial preload of ball bearing on the nonlinear dynamic characteristics of a rotor-bearing system. In: *Nonlinear Dynamics* 53 (2008), Nr. 3, S. 173–190

[5] BASQUIN, O.H.: The exponential law of endurance tests. In: *Proc. ASTM*, 1910 (10 2), S. 625–630

[6] BÖHLE, J. ; STIEBELS, B.: Der neue Touareg Hybrid. In: *ATZ* 2010-02 (1.4.2010)

[7] BINDER, A.: Elektrische Maschinen und Antriebe 1. In: *Technische Universität Darmstadt: Vorlesungsskript des Instituts für Elektrische Energiewandlung* (2001)

[8] BLUNDELL, M. ; HARTY, D.: *Multibody systems approach to vehicle dynamics.* Butterworth-Heinemann, 2004

[9] BRIGGS, J. ; PEAT, D.F.: *Die Entdeckung des Chaos, 9. Auflage.* München : Carl Hanser Verlag, 2006

[10] BRÄNDLEIN, J. ; ESCHMANN, P. ; HASBARGEN, L. ; WEIGAND, K.: *Die Wälzlagerpraxis.* Vereinigte Fachverlage, 1995

[11] BRONSTEIN, I.N. ; SEMENDJAEV, K.A. ; MUSIOL, G. ; MÜHLIG, H.: *Taschenbuch der Mathematik.* Harri Deutsch Verlag, 2008

[12] BUCHHOLZ, K.: Peugeot's 2011 diesel hybrid pioneers GKN electric drive, clutch technology. In: *Automotive Design* (26.08.2010). – http://www.automotivedesign.eu.com

[13] CORTEN, H.T. ; DOLAN, T.J.: Cumulative fatigue damage. In: *Proceedings of the International Conference on Fatigue of Metals.* London, England, 1956, S. 235–246

[14] CRAIG, R.R. ; BAMPTON, M.C.C.: Coupling of substructures for dynamic analysis. In: *AIAA journal* 6 (1968), Nr. 7, S. 1313–1319

[15] DIETL, P.: *Damping and stiffness characteristics of rolling element bearings - theory and experiment*, TU Wien, Diss., 1997

[16] DRESIG, H.: *Schwingungen mechanischer Antriebssysteme: Modellbildung, Berechnung, Analyse, Synthese*. Springer Verlag, 2005

[17] DRESIG, H. ; HOLZWEISSIG, F.: *Maschinendynamik*. Springer Verlag, 2009

[18] EINBOCK, S.: *FEM-gestützte synthetische Wöhlerlinien für die rechnerische Lebensdauerabschätzung*, TU-Dresden, Diss., 2010

[19] ESCHMANN, P. ; HASBERGEN, L. ; WEIGAND, K.: *Die Wälzlagerpraxis: Handbuch für die Berechnung und Gestaltung von Lagerungen*. München : R. Oldenbourg, 1953

[20] EULITZ, K.G.: *Beurteilung der Zuverlässigkeit von Lebensdauervorhersagen nach dem Nennspannungskonzept und dem Örtlichen Konzept anhand einer Sammlung von Betriebsfestigkeitsversuchen*, TU-Dresden, Diss., 1999

[21] FLEMING, D.P. ; POPLAWSKI, JV: Unbalance Response Prediction for Rotors on Ball Bearings Using Speed- and Load-Dependent Nonlinear Bearing Stiffness. In: *International Journal of Rotating Machinery* 2005 (2005), Nr. 1, S. 53–59

[22] Forschungskuratorium Maschinenbau: *Rechnerischer Festigkeitsnachweis für Maschinenbauteile aus Stahl, Eisenguss- und Aluminiumwerkstoffen, 5. Auflage*. Frankfurt am Main : VDMA Verlag, 2003

[23] FRITZ, F. ; SEEMANN, W. ; HINTERKAUSEN, M.: Modellierung von Rollenlagern als Element einer Mehrkörperdynamiksimulation. In: *Proceedings of SIRM 2009*, 8th International Conference on Vibrations in Rotating Machines, Vienna, Austria, 2009

[24] GASCH, R. ; NORDMANN, R. ; PFÜTZNER, H.: *Rotordynamik*. Springer Verlag, 2002

[25] GIERAS, J.F. ; LAI, J.C. ; WANG, C.: *Noise of polyphase electric motors*. CRC press, 2005

[26] GKN Driveline: *eAxle Family*. 02.11.2011. – http://www.gkndriveline.com

[27] GUYAN, R.J.: Reduction of stiffness and mass matrices. In: *AIAA journal* 3 (1965), Nr. 2, S. 380

[28] HAIBACH, E.: *Betriebsfestigkeit, 2. Auflage.* Springer Verlag, 2002

[29] HANSELKA, H. ; NORDMANN, R.: Maschinendynamik. In: *Dubbel: Taschenbuch für den Maschinenbau.* Springer Verlag, 2011, Kapitel O

[30] HANSELKA, H. ; SONSINO, C.M.: Betriebsfestigkeit und Zuverlässigkeit von komplexen und intelligenten Strukturen. In: *Materialwissenschaft und Werkstofftechnik* 34 (2003), Nr. 9, S. 883–891

[31] HARRIS, T.A.: *Rolling Bearing Analysis.* 4th. John Wiley and Sons, Inc, 2001

[32] HARSHA, S. P. ; SANDEEP, K. ; PRAKASH, R.: Non-linear dynamic behaviors of rolling element bearings due to surface waviness. In: *Journal of Sound and Vibration* 272 (2004), Nr. 3-5, S. 557 – 580

[33] HAYASHI, C.: *Nonlinear Oscillations in Physical Systems.* McGraw-Hill, New York, 1964

[34] HECKMANN, A.: *The modal multifield approach in multibody dynamics,* Universität Hannover, Diss., 2005

[35] HENGER, M.: *Sensorlose Positionserfassung in linearen Synchronmotoren: Trägersignalbasierte Lageauswertung.* Diplomica Verlag, 2009

[36] HENGER, M.: *Rotor mit einem Schwingungstilger.* Deutsches Patent- und Mareknamt, 2012. – DE102010062250A1

[37] HENGER, M. ; SCHROTH, R.: Electromagnetic forces in elastic multibody systems. In: *Proceedings of the International Conference on Noise and Vibration Engineering ISMA 2010.* Leuven, Belgien, September 20–22 2010, S. 2995–3001

[38] HENGER, M. ; SCHROTH, R.: Virtuelle Erprobung elektrischer Maschinen in der Fahrzeugentwicklung mit einem neuen Ansatz zur Beschreibung axialer Schwingungsphänomene. In: *SIMVEC Berechnung und Simulation im Fahrzeugbau.* Baden-Baden, November 17-18 2010, S. 403–414

[39] HERTZ, H.: Über die Berührung fester elastischer Körper. In: *Journal für die reine und angewandte Mathematik* (1882), Nr. 92, S. 156–171

[40] HERTZ, H.: Über die Berührung fester elastischer Körper und über die Härte. In: *Heinrich Hertz, Gesammelte Werke, Band 1.* Leipzig, 1895

[41] ISERMANN, R.: *Identifikation dynamischer Systeme I, 2. Auflage.* Springer Verlag, 1992

[42] ISO 16750-3: *Road-vehicles - Environmental conditions and testing for electrical and electronic equipment - Part 3: Mechanical loads.* 2003

[43] JANG, G. ; JEONG, S.W.: Vibration analysis of a rotating system due to the effect of ball bearing waviness. In: *Journal of Sound and Vibration* 269 (2004), Nr. 3-5, S. 709–726

[44] JANSSEN, A.: *Repräsentative Lastkollektive für Fahrwerkkomponenten,* TU-Braunschweig, Diss., 2007

[45] JORDAN, H.: *Geräuscharme Elektromotoren.* Verlag W. Girardet, Essen, 1950

[46] KLEIN, Andreas: *Interaktion der Antriebsstrang und Gehäusedynamik bei Industriegetrieben,* RWTH Aachen, Diss., 2007

[47] KÜNNE, B.: *Einführung in die Maschinenelemente.* Vieweg + Teubner, 2001

[48] KOUTSOVASILIS, P. ; BEITELSCHMIDT, M.: Comparison of model reduction techniques for large mechanical systems. In: *Multibody System Dynamics* 20 (2008), Nr. 2, S. 111–128

[49] KRAFT, D. ; MANN, K. ; KELLER, S. ; RICHTER, B. ; STERZING, S. ; JESSEN, H.: Hybride Antriebsstränge: Betrachtung des Gesamtsystems. In: *Aachener Kolloquium „Fahrzeug und Motorentechnik".* Aachen, Germany, Oktober 2006

[50] KÜSELL, M. ; KRAFT, D.: Hybride Antriebsstränge in der Simulation. In: *ATZ* Jahrgang 108 (09/2006), S. 704–710

[51] LANGER, B.F.: Fatigue failure from stress cycles of varying amplitude. In: *Journal of Applied Mechanics* 59 (1937), S. 160–162

[52] LUNDBERG, G.: Elastische Berührung zweier Halbräume. In: *Forschung im Ingenieurwesen* 10 (1939), S. 201–211

[53] MEIROVITCH, L.: *Elements of vibration analysis.* McGraw-Hill New York, 1986

[54] MELDAU, E.: *Die Bewegung der Achse von Wälzlagern bei geringen Drehzahlen.* FAG Kugelfischer G. Schäfer, 1951

[55] MINER, M.A.: Cumulative damage in fatigue. In: *Journal of applied mechanics* 12 (1945), Nr. 3, S. 159–164

[56] MÜLLER, G. ; PONICK, B.: *Grundlagen elektrischer Maschinen*. Wiley-VCH, 2005

[57] MÜLLER, G. ; PONICK, B.: *Theorie elektrischer Maschinen*. Wiley-VCH, 2009

[58] NEUDORFER, H. ; BINDER, A. ; WICKER, N.: Analyse von unterschiedlichen Fahrzyklen für den Einsatz von Elektrofahrzeugen. In: *Elektrotechnik & Informationstechnik* 123 (2006), Nr. 7/8, S. 352–360

[59] OEST, Henning: *Modellbildung, Simulation und experimentelle Analyse der Dynamik wälzgelagerter Rotoren*, Universität Rostock, Diss., 2004

[60] ONO, K. ; OKADA, Y.: Analysis of ball bearing vibrations caused by outer race waviness. In: *Journal of vibration and Acoustics* 120 (1998), S. 901

[61] ORTEGA, J.M. ; REINHOLDT, W.C.: *Iterative solution of nonlinear equations in several variables*. Academic, New York, 1970

[62] PALMGREN, A.: Die Lebensdauer von Kugellagern. In: *Zeitschrift des Vereins Deutscher Ingenieure* 68 (1924), Nr. 14, S. 339–341

[63] PERRET, H.: Elastiche Spielschwingungen konstant belasteter Waelzlager. In: *Werkstatt Betrieb* 8 (1950), S. 354–358

[64] RAMESOHL, I.H.: *Numerische Geräuschberechnung von Drehstrom-Klauenpolgeneratoren*, RWTH Aachen, Diss., 1999

[65] RICHTER, J.: *Ermittlung schädigungsrelevanter Parameter zur Beanspruchungsanalyse von Kraftfahrzeugbauteilen in der Straßendauererprobung*, Universtität Siegen, Diss., 2009

[66] RILL, G. ; SCHAEFFER, T.: *Grundlagen und Methodik der Mehrkörpersimulation: Mit Anwendungsbeispielen*. Springer Verlag, 2010

[67] SAITO, S.: Calculation of nonlinear unbalance response of horizontal Jeffcott rotors supported by ball bearings with radial clearances. In: *ASME Journal of Vibration, Acoustics, Stress, and Reliability in Design* 107 (1985), S. 416–420

[68] SALON, S.J.: Finite element analysis of electric machinery. In: *Computer Applications in Power, IEEE* 3 (1990), April, Nr. 2, S. 29 –32

[69] SASS, L.: *Symbolic modeling of electromechanical multibody systems*, Université catholique de Louvain, Diss., 2004

[70] SCHIEHLEN, W.: Research trends in multibody system dynamics. In: *Multibody System Dynamics* 18 (2007), Nr. 1, S. 3–13

[71] SCHLECHT, B.: *Maschinenelemente 2: Lager und Getriebe.* München : Addison Wesley in Pearson Education Deutschland, 2009

[72] SCHLENSOK, C. ; SCHMÜLLING, B. ; GIET, M. van d. ; HAMEYER, K.: Electromagnetically excited audible noise evaluation and optimization of electrical machines by numerical simulation. In: *COMPEL: The International Journal for Computation and Mathematics in Electrical and Electronic Engineering* 26 (2007), S. 727–742

[73] SCHREIBER, H.: Die axiale Federung von Kugellagern. In: *Industrie Anzeiger* Teil I (1961)

[74] SCHWERTASSEK, R. ; WALLRAPP, O. ; SHABANA, A.A.: Flexible multibody simulation and choice of shape functions. In: *Nonlinear Dynamics* 20 (1999), Nr. 4, S. 361–380

[75] SEINSCH, H.O.: *Oberfelderschwingungen in Drehfeldmaschinen.* Teubner Stuttgart, 1992

[76] SHABANA, A.A.: *Dynamics of multibody systems.* Cambridge University Press, 2005

[77] STARK, C.: *Erweiterung der Harmonischen Balance für die numerische Berechnung stationärer deterministischer und chaotischer Eigenschwingungen in nichtlinearen Systemen*, Universtät der Bundeswehr München, Diss., 2001

[78] Statistisches Landesamt Baden-Württemberg: *Jahresfahrleistung im Straßenverkehr in Baden-Württemberg.* 28.09.2011. – http://www.statistik.baden-wuerttemberg.de/UmweltVerkehr/landesdaten

[79] STRIBECK, R.: Kugellager für beliebige Belastungen. In: *VDI-Zeitschrift* 45 (1901), S. 73–39

[80] TELLERMANN, U. ; KRAFT, D. ; MANN, K. ; STERZING, S. ; RICHTER, B. ; HUBER, T. ; SCHULER, R.: Modellgestützte Entwicklung von Komponenten für elektrische Hybridfahrzeuge. In: *VDI AUTOREG Konferenz*, 2006

[81] TEUTSCH, R.: *Kontaktmodelle und Strategien zur Simulation von Wälzlagern und Wälzführungen*, Universität Kaiserslautern, Diss., 2005

[82] VAN DER GIET, M. ; ROTHE, R. ; HAMEYER, K.: Asymptotic Fourier decomposition of tooth forces in terms of convolved air gap field harmonics for noise diagnosis of electrical machines. In: *COMPEL: The International Journal for Computation and Mathematics in Electrical and Electronic Engineering* 28 (2009)

[83] VESSELINOV, V.: *Dreidimensionale Simulation der Dynamik von Wälzlagern*, Universität Karlsruhe, Diss., 2003

[84] VILLA, C.V.S. ; SINOU, J.J. ; THOUVEREZ, F.: Investigation of a rotor-bearing system with bearing clearances and hertz contact by using a harmonic balance method. In: *Journal of the Brazilian Society of Mechanical Sciences and Engineering* 29 (2007), S. 14–20

[85] WENSING, J.A.: *On the dynamics of ball bearings*, University of Twente, Diss., 1998

[86] WICHE, E.: Radiale Federung von Wälzlagern bei beliebiger Lagerluft. In: *Konstruktion* 19 (1967), Nr. 5

[87] ZHENG, Zhiwei: *Analyse der magnetischen Kräfte einer permanenterregten Synchronmaschine*. Aachen, RWTH Aachen, Diplomarbeit, 2010

MIX
Papier aus verantwortungsvollen Quellen
Paper from responsible sources
FSC® C105338

If you have any concerns about our products,
you can contact us on
ProductSafety@springernature.com

In case Publisher is established outside the EU,
the EU authorized representative is:
Springer Nature Customer Service Center GmbH
Europaplatz 3, 69115 Heidelberg, Germany

Printed by Libri Plureos GmbH
in Hamburg, Germany